技術士技能檢定

電腦軟體應用
乙級學科試題解析
Computer Software Application

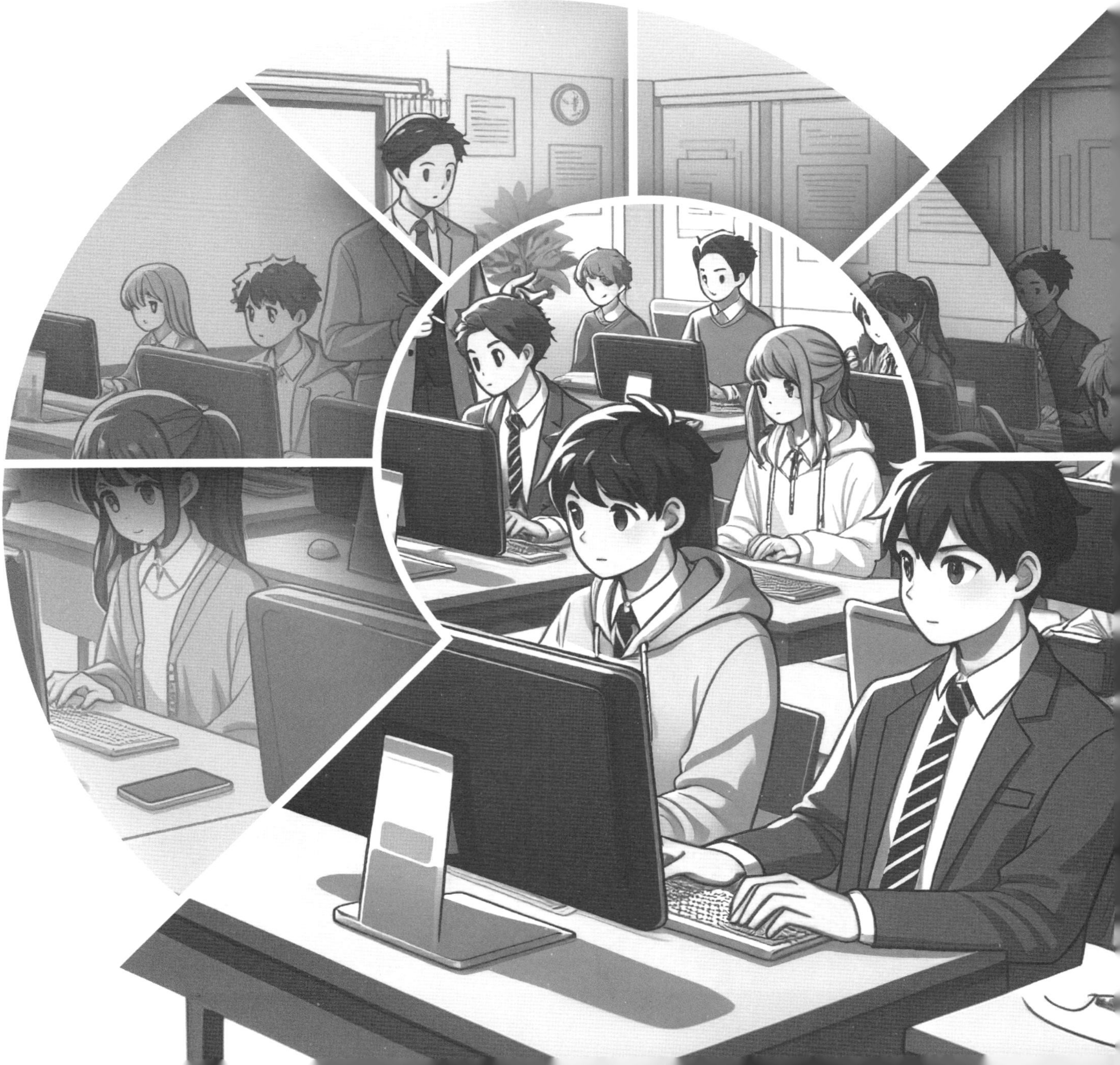

序

　　本研究室截至 113 年末針對電腦軟體應用乙級學科題目，修訂方向主要是 90006~90008 共同科目（114/01/01 起報檢者適用）之修訂版本。截稿之前，仍再次下載公告試題比對，確保本書收錄最新版本內容。

　　電腦軟體應用命題委員們都是本領域專家及學者，仍非常敬業不定期修改題庫，本研究團隊亦會秉持專業精神，蒐集讀者回饋及追蹤學科題庫變化。若有疏漏之處，仍請各位老師及考生不吝直接回饋碁峰資訊指正本書錯誤之處，我們將會儘速在下一版修訂，再次感謝大家對本書的支持。

林文恭研究室
113/12

目錄

工作項目 1 電腦概論 1

工作項目 2 應用軟體使用 47

工作項目 3 系統軟體使用 68

工作項目 4 資訊安全 89

90006 職業安全衛生共同科目 99

90007 工作倫理與職業道德共同科目 108

90008 環境保護共同科目 120

90009 節能減碳共同科目 129

90011 資訊相關職類共用工作項目 139

本書試題為勞動部勞動力發展署技能檢定中心公告試題，試題版權為原出題著作者所有。

工作項目 1 電腦概論

單選題

1. ( ) 下列儲存記憶體中,何者無法存入只能讀取? (3)
   (1)隨身碟　(2)RAM　(3)ROM　(4)磁帶。

   解析 ROM:Read Only Memory 唯讀記憶體。
   RAM:Random Access Memory 隨機存取記憶體。

2. ( ) 在數據通訊(Data Communication)系統中,線路兩端的電腦,彼此可同時交互傳送 (3)
   及接受資料的型態稱為
   (1)單工　(2)半雙工　(3)全雙工　(4)線上雙工。

   解析 全雙工:同時交互傳送及接收資料,如電話。
   半雙工:當傳送時停止接收,當接收時停止傳送,如無線電手機。

3. ( ) 在布林運算中,下列何者有誤? (4)
   (1)A+A'=1　(2)AA'=0　(3)A+A'B'=A+B'　(4)A(A'+B)=A'B。

   解析 A(A'+B)=AB。

4. ( ) 如果電腦的位址匯流排(Address Bus)有 17 條線,則其儲存位置空間最多可達多少 (2)
   Bytes?　(1)64K　(2)128K　(3)256K　(4)512K。

   解析 $2^{17}=2^7 \times 2^{10}$=128K。

5. ( ) 下列敘述何者有誤?　(1)一部電腦中,有兩個以上 CPU 同時執行不同的程式,我 (3)
   們稱作是一種平行處理(Parallel Processing) (2)掃描器(Scanner)適用於影像處理應
   用(Image Processing) (3)C 語言可以撰寫 Recursive 程式,故適於大量資料處理應
   用　(4)CPU 中的控制單元乃負責各單元之間通道的建立。

6. ( ) 電腦的五大單元中,何者專門負責整體系統的指揮控制? (4)
   (1)輸入單元　(2)算術/邏輯單元　(3)記憶單元　(4)控制單元。

   解析 傳統電腦系統的硬體單元一般可分為輸入單元、輸出單元、算術邏輯單元、控制單元及記憶單元,其中算術邏輯單元和控制單元合稱中央處理單元 CPU(Center Processing Unit),說明如下:
   - 輸入單元:負責將資料、程式及命令的輸入。如鍵盤、滑鼠等。
   - 輸出單元:負責輸出電腦所執行的結果,或顯示電腦系統的訊息,如印表機、喇叭及螢幕等。
   - 算術邏輯單元:負責電腦內部之算術運算(+、-、×、÷)及邏輯運算(AND、OR)。
   - 控制單元:負責分析、指揮及控制各單元的運作,它會適時發送出控制訊號,使電腦系統能正確的執行指令。
   - 記憶單元:負責儲存程式或資料,分為主記憶體與輔助記憶體。主記憶體又分為唯讀記憶體(ROM)只能讀不能寫、隨機存取記憶體(RAM)能讀能寫;輔助記憶體如硬式磁碟機、光碟等。

7. ( ) 下列記憶體中，何者能讀取亦能寫入？
(1)PROM　(2)CD-ROM　(3)RAM　(4)EEROM。　(3)

解析　(1)PROM：可程式ROM。(2)CD-ROM：光碟。(3)RAM：隨機存取記憶體。(4)EEPROM：電子式抹除可程式唯讀記憶體。

8. ( ) 下列敘述中，何者不是橋接器對電腦網路的貢獻？(1)協助排除網路中的局部當機區域，使網路功能不停頓　(2)克服網路架構纜線距離的限制　(3)讓傳輸媒介或纜線可以混接　(4)提供多重路徑的協定。　(4)

解析　路由器才有提供多重路徑的協定。

9. ( ) 下列敘述何者錯誤？(1)數據機(MODEM)可以將類比信號轉成數位信號、或將數位信號轉變成類比信號　(2)資料傳輸時，若線路兩端可以在同一時間互相傳送資料，此種方式稱為全雙工(Full Duplex)　(3)X.25是一個國際公認的分封交換(Packet Switching)通訊標準　(4)經由數據機傳送至電話線上的信號為數位信號。　(4)

解析　電話線上的信號為類比信號。

10. ( ) 下列何者在網際網路(Internet)上屬於單一性不可重複？
(1)Subnet Mask　(2)IP Address　(3)Default Gateway　(4)Password。　(2)

11. ( ) 下列關於「分封交換(Packet Switching)」的敘述中，何者錯誤？(1)分封交換可彈性機動選擇資料傳送的路徑，減少遲延的現象　(2)在不同的傳輸速率或通信協定下，均可相互轉換傳送　(3)通信使用時間較分散的用戶適於使用　(4)分封交換的每個封包的長度是可變動的。　(4)

解析　分封交換(Packet Switching)，是將被傳輸的資料先輸送到某一共通的交換點儲存、等候，等線路有空檔時，資料才被送至另一交換點儲存、等候，如此一點一點的傳下去，直到目的端點為止。分封交換的每個封包的長度是固定的。

12. ( ) 下列有關「光纖」的敘述中，何者錯誤？(1)只適於傳送數位化的信號　(2)可使用的頻寬，比同軸電纜高出許多　(3)由玻璃纖維所組成，不受電磁干擾　(4)傳輸速率高，體積細小。　(1)

解析　光纖可傳送「數位」及「類比」信號。

13. ( ) 下列敘述中，何者錯誤？(1)乙太網路(Ethernet)採用匯流排網路結構及基頻(Baseband)傳輸技術　(2)10BASE 5和10BASE T都採用50歐姆同軸電纜作為傳輸媒介　(3)10BASE 5和10BASE T的資料傳輸速率都是10Mbps　(4)在乙太網路中，10BASE 2的每段最長之長度為200公尺。　(2)

解析　10BASE T：「10」代表10Mbps、「T」代表Twist Pair雙絞線，採用雙絞線作為傳輸媒介。

10BASE 5：採用同軸電纜作為傳輸媒介。

2

工作項目 1 電腦概論

14. ( ) 下列關於「環狀(Ring)網路」的敘述中，何者錯誤？ (1)環狀網路中，每一個端點的電腦是透過 Repeater 連接到封閉式環狀網路上 (2)資料在傳輸媒介上傳遞時，是單向傳送 (3)Repeater 上分為聆聽、傳送與迂迴(Bypass)三種狀態 (4)環狀網路內由於傳輸距離較長，所以連接上網的端點站數也沒有限制。 (4)

15. ( ) 在排序的過程中，若由於資料量太大，而無法完全放在主記憶體中，必須借用輔助記憶體，此種排序方式稱之為： (3)
    (1)陣列排序(Sort of Array)　　　(2)內部排序(Internal Sorting)
    (3)外部排序(External Sorting)　(4)快速排序(Quick Sorting)。

    > 解析　內部排序：資料在主記憶體內進行排序，速度快，適用於資料量少。
    > 外部排序：排序時需借用輔助記憶體，速度慢，適用於資料量大。

16. ( ) 下列傳輸媒介中，何者在單位時間內的資料傳輸量最大？ (3)
    (1)電話線　(2)同軸電纜　(3)光纖　(4)雙絞線。

17. ( ) 下列關於「RS-232」的敘述中，何者不正確？ (4)
    (1)為一種美國 ETA 規格　　　(2)可將電腦連接起來，以傳送資料
    (3)屬於界面的硬體規格　　　(4)是並列式傳送。

    > 解析　RS-232 介面為串列式，每次只能傳輸 1 bit 資料。

18. ( ) 在 CPU 中，下一個要被執行指令的位址是存放在： (4)
    (1)位址暫存器　(2)緩衝暫存器　(3)指令暫存器　(4)程式計數器。

19. ( ) 在「網路上的芳鄰」中，若要讓別人知道我的電腦名稱是「GOODMAN」，該在哪裡作設定？ (2)
    (1)「控制台/網路」　(2)電腦名稱　(3)存取控制　(4)撥號網路。

    > 解析　要讓別人知道我的電腦名稱是「GOODMAN」，應該在「電腦名稱」作設定。

20. ( ) 下列何者不是作業系統的主要功能？ (2)
    (1)設備管理　(2)排序　(3)記憶體管理　(4)資源分配。

    > 解析　作業系統的主要系統資源管理功能，有處理管理或行程管理、記憶體管理、設備管理及檔案管理等系統資源分配管理。

21. ( ) 下列儲存裝置中，何者存取速度最快？ (4)
    (1)硬式磁碟機(Hard Disk)　　　(2)主記憶體(Main Memory)
    (3)唯讀光碟機(CD-ROM)　　　(4)快取記憶體(Cache Memory)。

    > 解析　存取速度：快取記憶體(Cache Memory)＞主記憶體(Main Memory)＞硬式磁碟機(Hard Disk)＞唯讀光碟機(CD-ROM)。

22. ( ) 下列有關「中斷(Interrupt)」的敘述中，何者正確？ (1)中斷的要求必定來自硬體 (2)硬體中斷，相對於 CPU 正在執行的程式，乃是一非同步事件(Asynchronous Event) (3)當 CPU 在執行中斷時，就不能再執行其他的中斷 (4)可遮沒的中斷(Mask Interrupt)沒有優先權。 (2)

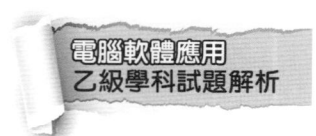

23. ( ) 下列敘述何者正確？ (1)電腦的 CPU 其實只能執行機器語言 (2)所謂同步傳輸意指一次同時傳送兩個 Bytes 的資料 (3)即時系統(Real-time)一定是 On-line 系統，而 On-line 系統也一定是 Real-time 系統 (4)指令暫存器是用來表示下一個等待執行指令的位址。 (1)

解析 所謂同步傳輸意指一種資料傳輸的方式，在傳送的字元與字元之間具有固定的時間間隔，因此不需要再用到起始字元和結束字元。非同步傳輸意指一種利用起始位元(Start bit)和結束位元(Stop bit)所控制的資料傳輸技術，在傳輸的字元之間沒有固定的時間間隔。

即時(Real-time)一定是線上(on-line)系統，而線上(on-line)系統卻不一定是即時(Real-time)系統，如批次 Batch 系統也可以是線上(on-line)系統。

24. ( ) 下列關於「行動裝置作業系統」的敘述，何者不正確？ (1)iPhone 與 iPad 均使用 iOS 作業系統 (2)Android 是一種以 Linux 為基礎的開放原始碼作業系統 (3)Windows Phone 是微軟視窗作業系統的行動裝置版本 (4)受限於硬體的能力，行動裝置作業系統一定是單工的作業系統。 (4)

解析 目前的版本均可執行多工作業系統。

25. ( ) 若收到一個副檔名為.class 的 Java Applet 程式，您該如何啟動它？ (1)直接可在 IE 執行 (2)需重新編譯方能執行 (3)需要連上 WWW 伺服器方可執行 (4)要另存副檔名為.bat 的新檔案方可被執行。 (1)

解析 Java Applet 可以在電腦的 IE 瀏覽器上直接執行。

26. ( ) 下列何者不是資料庫管理系統的目的？ (1)可保持資料的重複性 (2)可確保資料的安全性 (3)可保持資料的一致性 (4)可提升資料處理的效率。 (1)

解析 資料的重複將造成資料的「不一致」。

27. ( ) 採用存轉式(Store-and-Forward)傳輸資訊的方式是： (3)
(1)資料交換(Data Switching)　　(2)電路交換(Circuit Switching)
(3)分封交換(Packet Switching)　(4)信號交換(Signal Switching)。

解析 存轉式 (Store-and-Forward)傳輸資訊的方式又稱分封交換(Packet Switching)。

28. ( ) 編譯程式(Compiler)可以檢查出程式的 (4)
(1)資料錯誤　(2)邏輯錯誤　(3)執行錯誤　(4)語法錯誤。

29. ( ) 下列關於多工(Multitasking)作業系統的敘述中，何者錯誤？ (3)
(1)需要有中斷處理的能力 (2)需要有排程(Scheduling)的能力 (3)需要有平行處理(Parallel Processing)的能力 (4)可以用分時(Time Sharing)處理技術達成。

解析 多工可以用分時處理技術達成，不一定需要有平行處理的能力。

30. ( ) 下列哪一種工具無法讓您由 FTP 伺服器下傳檔案？ (4)
(1)Telnet 客戶端　(2)FTP 客戶端　(3)Internet Explorer　(4)Outlook Express。

解析 Outlook Express 是電子郵件軟體。

31. ( ) 所謂「流程圖(Flow Chart)」乃是指： (3)
    (1)程式之輸出或輸入的一種表現方法
    (2)以各種次常式來描述程式的一種方法
    (3)以圖型化的演繹邏輯來表達程式操作順序的方法
    (4)程式編譯後的結果。

32. ( ) 電腦 CPU 內部的「定址模式(Addressing Mode)」是用來當作什麼功用的？ (4)
    (1)指令解碼　(2)運算執行　(3)指令提取　(4)運算元提取。

    解析 定址模式是程式用來指定某一個記憶體位址 (memory address) 的方式，用於運算元提取。

33. ( ) 下列何者不是控制單元的工作？ (1)
    (1)運算執行　(2)時序控制　(3)指令提取　(4)指令解碼。

    解析 控制單元負責讀取指令到解譯指令成為機械微指令，其工作包含指令提取、指令解碼、時序控制等。算術邏輯單元負責運算，如運算執行。

34. ( ) 下列關於「Microsoft SQL Server 2008 資料類型」的敘述，何者不正確？ (2)
    (1)字元資料的長度如果可能大於 8000 位元組，則欄位不宜宣告成 char 資料類型
    (2)如果欄位的字元資料長度差異很大，則欄位通常宣告成 char 資料類型，而非 varchar 資料類型　(3)設計用來儲存日期的欄位可以宣告成 smalldatetime 資料類型
    (4)宣告成 geography 資料類型的欄位所儲存的經緯度資料，可以應用 STDistance 方法來計算兩資料之間的最短距離。

    解析 varchar 資料類型是可變長度的資料類型。char 或 varchar 資料可以是單一字元，也可以是不超過8,000個字元的 char 資料字串，或是高達 2^{31} 個字元的 varchar 資料。varchar 資料類型可採用兩種格式。varchar 資料可以是指定最大的字元數，例如，varchar(6) 即表示此資料類型最多可儲存六個字元，或者，也可以採用 varchar(max)格式，這種格式可將此資料類型所能儲存的最大字元數增加到 2^{31}。

35. ( ) 在「關聯式(Relational)資料庫」中，其擷取資料的方式為何？ (1)
    (1)以資料的內容　(2)以資料的位址　(3)以資料的指標　(4)以資料的大小。

36. ( ) 當 CPU 從主記憶體中提取指令、解碼、決定 Operands 的位址、以及下一個指令的位址，這些動作是屬於： (4)
    (1)程式週期　(2)記憶週期　(3)執行週期　(4)指令週期。

    解析 CPU 執行指令一連串的過程，稱為機器週期(Machine Cycle)，該週期可分為兩部分：指令週期(Instruction cycle)與執行週期(Execution cycle)。在指令週期中，控制單元會從記憶單元取出下一個待執行的指令。在執行週期內所執行的工作有找出資料、執行指令，以及將結果存到累加器內，指令週期亦稱提取週期(Fetch cycle)。

37. ( ) 在資料庫中，將資料的重複降低到最少的過程稱為： (2)
    (1)結構化　(2)正規化　(3)模組化　(4)關聯化。

> **解析** 資料庫正規化 (Normalization)：
> - 1NF：資料表中每一筆紀錄的每一欄位，都必須是唯一、不重複。
> - 2NF：去除「部分相依」，唯有完整的主鍵值，才可以辨識一筆資料。
> - 3NF：去除「遞移相依」。
> - BCNF：去除因「功能相依」而產生的資料重複。
> - 4NF：去除「多值關係」的相依問題。

38. ( ) 在作業系統中，下列何者負責處理程式中斷？ (1)
   (1)監督程式　(2)啟動載入程式　(3)輸出入控制程式　(4)工作控制程式。

39. ( ) 下列關於「結構化程式設計」的敘述中，何者不正確？ (1)應盡量採用模組化設計 (3)
   (2)應減少 GO TO 指令的使用　(3)入口要少、出口要多　(4)包含循序(Sequence)、選擇(Selection)及重複(Repetition)三種結構。

> **解析** 結構化應為單一入口、單一出口。

40. ( ) 能使電腦執行比主記憶體還大的程式時，可用以下哪一種技術？ (3)
   (1)分時(Time Sharing)　　　(2)快取記憶(Cache Memory)
   (3)虛擬記憶(Virtual Memory)　(4)多工作業(Multi-tasking)。

> **解析** 虛擬記憶體是一種使用軟體技術與輔助記憶體來提供額外的主記憶體的技術。作業系統為了解決記憶體不夠問題，將輔助記憶體(HDD)的部分空間拿來模擬成主記憶體，這個模擬的空間便稱為虛擬記憶體。

41. ( ) 下列有關「網際網路(Internet)應用」之敘述中，何者錯誤？　(1)E-mial 收件人的位址格式為 Lucky@server　(2)Internet 使用之通訊協定為 TCP/IP　(3)HiNet 為中華電信公司所建立的網路系統 (4)目前各大專院校內常使用之網路系統為 SeedNet。 (4)

> **解析** 目前各大專院校內常使用之網路系統為 TANet。

42. ( ) 下列關於 Compiler 的敘述中，何者錯誤？　(1)可檢查程式邏輯錯誤　(2)可檢查程式語法(Syntax)錯誤　(3)可將程式原始碼變成目的碼　(4)無法產生執行檔。 (1)

43. ( ) 在磁碟容量的規格中，下列何者的容量最小？ (3)
   (1)磁軌(Track)　(2)磁柱　(3)磁區　(4)叢集(Cluster)。

> **解析** 磁區＜磁叢(Cluster)＜磁軌 (Track)＜磁柱。

44. ( ) 下列有關 WWW 之敘述中，何者錯誤？ (3)
   (1)「全球資訊網」是 World Wide Web 之縮寫
   (2)讓企業可以將自己的產品或服務項目等訊息提供給大眾知道
   (3)為使網路資訊自由流通，使用者在其上建立首頁(HomePage)時，可以不受智慧財產保護相關法令約束
   (4)WWW 上之資訊不僅可顯示文字、圖形，還可以顯示聲音、影像。

> **解析** 智慧財產保護相關法令保護所有媒體的呈現。

45. ( ) 在「OSI通訊協定」中，提供檔案傳輸的是哪一層？ (1)
   (1)應用層　(2)網路層　(3)實體層　(4)表達層。

第7層(應用層)：檔案傳輸、電子郵件、網頁瀏覽。
第6層(表達層)：把資料轉換為用戶能理解的形式。
第5層(會話層)：負責通訊兩點的會談。
第4層(傳輸層)：確保封包能按照順序送達接收端。
第3層(網路層)：安排資料傳輸路徑。
第2層(資料連結層)：設定實體通訊線路，確保框架正確傳送。
第1層(實體層)：負責實際線路資料傳送。

46. ( ) 在「OSI通訊協定」中，提供電子郵遞服務的是哪一層？ (1)
 (1)應用層 (2)網路層 (3)實體層 (4)表達層。

47. ( ) 在「OSI通訊協定」中，哪一層可安排資料傳輸路徑？ (2)
 (1)應用層 (2)網路層 (3)實體層 (4)表達層。

48. ( ) 「程式計數器(Program Counter)」是屬於以下哪一單元？ (1)
 (1)控制單元 (2)輸出入單元 (3)算術邏輯單元 (4)記憶單元。

 程式計數器與指令暫存器設置在控制單元內，前者用來記錄下一個要執行指令所存放的記憶體位址，後者用來存放目前被執行的指令。另外累加器也是算術/邏輯運算單元中相當重要的暫存器之一。

49. ( ) 「程式計數器(Program Counter)」的功能為何？ (4)
 (1)記錄程式中執行完畢的指令 (2)記錄程式執行中的狀態
 (3)記錄程式執行完成的時間 (4)記錄下一個指令的位址。

50. ( ) 在資料庫管理系統中，用以定義資料型態、長度及關係的是： (3)
 (1)工作控制語言(Job Control Language) (2)資料控制語言(Data Control Language)
 (3)資料定義語言(Data Definition Language) (4)資料處理語言(Data Manipulation Language)。

 資料控制語言(Data Control Language)控制交易進行方式及設定資料庫存取權限。
資料定義語言(Data Definition Language)定義資料型態、長度及關係。
資料處理語言(Data Manipulation Language)處理資料的相關語法。

51. ( ) 在個人電腦中，控制CPU和輸出入設備間信號傳輸的為何？ (3)
 (1)Data Bus (2)Cache (3)BIOS (4)Operating System。

 Data Bus(資料匯流排)：CPU內部用來傳送資料的通道。
Cache(快取記憶體)：在CPU與主記憶體之間所配置的高速記憶體，用以改善CPU存取主記憶體的速度。
BIOS(基本輸出入系統)：控制CPU和輸出入設備間信號傳輸。在主記憶體中設定周邊設備運作時的必要資訊。
Operating System(作業系統)：電腦硬體與使用者，及電腦硬體與應用軟體之間的媒介。主要功能有提供使用者介面、管理系統資源、提供程式執行的環境及系統呼叫服務。

52. ( ) 由全世界大大小小的網路連接而成的全球性網路稱為？ (3)
(1)區域網路　(2)企業網路　(3)網際網路　(4)環狀網路。

> **解析** 又稱互聯網。

53. ( ) 下列有關搜尋(Search)的敘述中，何者不正確？ (1)循序搜尋法(Sequential Search)的儲存空間最有效率，方法容易，但平均搜尋速度較慢　(2)在二分搜尋法(Binary Search)中，被搜尋的檔案需先排序(Sort)好　(3)在區段搜尋法(Block Search)中，第 n 個 Block 中所有的資料項值，必須全部小於第 n+1 個 Block 中的所有資料項值，而每個 Block 中的資料也必須 Sort 好　(4)內插搜尋(Interpolation Search)的搜尋速度完全受鍵值分布的影響。 (3)

> **解析** 區段搜尋法(Block Search)中將所有資料分成數個區段(Block)，而區段與區段之間依序由小到大排列，但區段內的資料不必依序存放。

54. ( ) 下列何者不是「載入程式(Loader)」的功能？ (1)
(1)緊結(Binding)　(2)連結(Linking)　(3)重定位(Relocation)　(4)載入(Loading)。

> **解析** 載入程式(Loader)的功能：配置、載入、重定位、連結。

55. ( ) 下列敘述何者正確？ (3)
(1)一個連線(On-Line)系統一定是即時系統(Real-Time)
(2)一個多程式(Multiprogramming)執行系統一定具有分時(Time-Sharing)功能
(3)一個分時(Time-Sharing)系統一定是多程式執行系統(Multiprogramming)
(4)一個多重處理器系統一定是多程式(Multiprogramming)執行系統。

> **解析** 連線系統也有可能是批次作業。

56. ( ) 在作業系統(Operating System)處理程序執行順序排程(Process Scheduling)中，下列何者不屬於 Process Scheduling 的方法？ (4)
(1)First In First Out　(2)Shortest Job First　(3)Round Robin　(4)Race Condition。

> **解析** First In First Out 或 First Come First Serve：先提出要求的程序會先被執行。
> Shortest Job First：挑選所需 CPU 時間最短的程序來執行。
> Round Robin：設定一個時間配額，然後依先到先做的順序輪流執行每個程序。
> Shortest Remaining Time：目前剩餘時間最短的程序優先執行。
> Race Condition：指多元程式系統中，因系統資源可以共用，造成兩個程序交互使用某一資源。

57. ( ) 在電腦中，負責管理 CPU 及 I/O 設備的為何？ (1)
(1)作業系統　(2)公用程式　(3)載入程式　(4)編譯程式。

58. ( ) 下列何者不是網際網路(Internet)所提供的功能？ (1)
(1)OLTP(連線交易處理)　　　(2)E-Mail(電子郵件)
(3)TELNET(遠程終端模擬)　　(4)FTP(檔案傳輸)。

> **解析** OLTP 連線交易處理為一應用軟體系統。

59. ( ) 「全球資訊網(World Wide Web)」在程式架構上是採取什麼架構？ (3)
(1)Master Slave (2)Peer to Peer (3)Client Server (4)File Sharing。

解析 Client-Server 是以伺服器(Server)為主的網路，客戶端(Client)透過網路可以分享到伺服器所提供的資源。
Peer to Peer 是點對點傳輸。
File Sharing 是檔案分享。

60. ( ) 「快取記憶體(Cache Memory)」的主要功能是： (3)
(1)作為輔助記憶體 (2)可以降低主記憶體的負擔和成本 (3)可以增進程式的整體執行速度 (4)可以減少輔助記憶體的空間需求。

解析 快取記憶體是 CPU 與主記憶體之間所配置的高速記憶體，用以改善 CPU 存取主記憶體的速度。其存取速度較主記憶體快，因此價位也比較高，可以減少 CPU 直接到主記憶體讀取資料或指令的次數，提昇電腦的整體處理效能與執行速度。

61. ( ) 結構化程式的缺點是？ (1)較浪費主記憶體空間 (2)開發程式的成本較高 (3)流程複雜，別人不易看懂 (4)程式測試不容易。 (1)

62. ( ) 下列敘述何者不正確？ (1)電腦中的加法器為組合電路 (2)載入程式(Loader)可以將原始程式轉成可執行程式 (3)電腦內部對於整數和實數是以不同的方式儲存 (4)寫程式時，其實可以完全不用到 GO TO 指令。 (2)

解析 載入程式 (Loader) 的功能：配置、載入、重定位、連結。

63. ( ) 何種網路協定可以自動設定使用者電腦的 IP Address？ (3)
(1)RIP (2)TCP/IP (3)DHCP (4)IPX/SPX。

解析 動態主機設定協定(Dynamic Host Configuration Protocol，DHCP) 是用來自動指派 TCP/IP 資訊給用戶端機器的一種網路協定，每一個 DHCP 的用戶端都連線至中心位置的 DHCP 伺服器，以取得該用戶端的網路設定資訊，包括 IP 位址、閘道器以及 DNS 伺服器。

64. ( ) 資料儲存的功能是由下列哪一單元來執行？ (2)
(1)算術邏輯單元 (2)記憶單元 (3)控制單元 (4)輸出入單元。

65. ( ) 哪一種服務可以存取 SQL 伺服器或 Access 的資料庫界面？ (2)
(1)Gopher Service (2)WWW Service (3)FTP Service (4)Proxy Service。

解析 (1) Gopher Service：早期網路資料搜尋服務。
(3) FTP Service：檔案傳輸服務。
(4) Proxy Service：代理伺服器提供硬碟空間，供眾多的網路使用者作為 cache 之用，當有使用者提出需求時，它會先檢查自己的 cache 中是否有這份資料；若有，Proxy Server 就可立即傳回這份資料；若沒有，再向外查詢，取得資料後存一份在 cache，並傳給使用者。

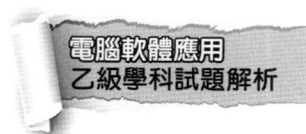

66. ( ) 下列有關「載入程式(Loader)」的敘述中，何者是正確的？ (3)
(1)可檢查原始程式是否有語法(Syntax)上的錯誤　(2)將原始程式編譯成目的程式
(3)將目的程式載入主記憶體中　(4)執行目的程式。

67. ( ) 下列何者不是資料庫的資料結構之一？(1)關聯式(Relational)　(2)網路式(Network) (4)
(3)階層式(Hierachical)　(4)星狀式(Star)。

> 解析：資料庫有階層式、網路式、關聯式、物件導向等資料結構。星狀式是指網路架構。

68. ( ) 下列哪一項設定可以讓你使用 Chrome 瀏覽網站時，減少連外網路的負荷？ (2)
(1)設定 History　(2)設定 Proxy 伺服器　(3)使用 Auto complete　(4)設定我的最愛。

> 解析：Proxy 代理伺服器：可加快網頁的下載速度。

69. ( ) 下列有關「PC 中匯流排(Bus)」的敘述中，何者有誤？ (1)匯流排一般分為資料匯 (4)
流排(Data Bus)，位址匯流排(Address Bus)和控制匯流排(Control Bus)三種 (2)Data
Bus 是在 CPU 和 Memory 之間傳送資料，所以是雙向性 (3)Address Bus 可用來標
明 Memory 或 I/O Port 位址的地方 (4)Data Bus 的長度和 Address Bus 的長度必須
一樣。

> 解析：Data Bus(資料匯流排)：資料匯流排數是資料之排線數，可雙向傳輸。
> Address Bus(位址匯流排)：只能單向傳輸，它的排線數可推算出有效的定址空間數。
> Control Bus(控制匯流排)：只能單向傳輸，由 CPU 發出對其它部門元件的控制訊號。

70. ( ) 下列敘述何者錯誤？ (1)動態隨機存取記憶體(DRAM)消耗功率比靜態隨機存取記 (1)
憶體(SRAM)大　(2)SRAM 乃由正反器(Flip-Flop)構成基本記憶單元　(3)可程式唯
讀記憶體(PROM)只能讓使用者自行規劃、並燒錄程式一次(4)可抹除可程式唯讀記
憶體(EPROM)中所寫入之程式，能夠用紫外線照射將之抹除。

> 解析：本題有爭議。因為 DRAM 是用電容來儲存資訊，儲存在電容的電荷會逐漸的漏失，
> 為了防止這種儲存資訊的漏失，DRAM 儲存的資訊必需每隔一段時間被讀取出來，
> 然後再重新寫回，這個動作被稱作 refresh；而 SRAM 是用電晶體來儲存資訊沒有
> DRAM 的問題。所以 DRAM 較 SRAM 消耗較多的功率。本題請考生仍以(1)為答案。

71. ( ) 下列有關「乙太網路(Ethernet)10Base-T」的敘述中，何者錯誤？ (1)屬於分享式 (3)
網路，採用 CSMA/CD 的碰撞處理方式傳輸資料　(2)網絡上用戶多時，頻寬會損
失，傳輸速率會變慢　(3)佈線完成後必需要加上 50 歐姆的終端電阻　(4)相較其他
網路技術，其使用成本較便宜。

> 解析：10Base-T 佈線完成後無需安裝終端電阻。早期 10Base-5 採用同軸電纜佈線必需電纜
> 兩端加上 5 歐姆的終端電阻。

72. ( ) 下列有關「非同步傳輸模式(ATM)」的敘述中，何者錯誤？(1)屬於一種星狀架構， (2)
以交換方式存取資料　(2)屬於一種高速網路，但是不同的速度無法相容　(3)屬於
一種專屬網路，每一用戶端都可以享用自己全部的頻寬　(4)可以傳輸多媒體資料。

> 解析：ATM 可連接不同的速度網路系統。

73. ( ) 下列有關「路由器(Router)」的敘述中，何者錯誤？(1)它主要是 OSI 通訊協定標準第三層，亦即網路層的設備 (2)能夠整合不同的網路系統，例如讓乙太網路和記號環網路相連 (3)俱備了廣域網路的連線能力 (4)無法取代橋接器(Bridge)的功能。 (4)

解析 路由器是可以取代橋接器的功能。

74. ( ) 下列有關「全球資訊網(WWW)」的敘述中，何者錯誤？ (1)WWW 裡的文件都是用 HTML(Hyper Text Markup Language)撰寫的 (2)在網路存取上則採用 URL(Uniform Resource Locator)來定義資料所在的位置 (3)使用者一般都用瀏覽器(Browser)閱讀資料 (4)無法傳遞多媒體資料。 (4)

解析 WWW 可傳遞多媒體資料。

75. ( ) 下列哪一種是用於電子郵件的通訊協定？
(1)SMTP　(2)HTTP　(3)FTP　(4)Telnet。 (1)

解析 FTP：提供檔案傳輸協定。
SMTP：提供郵件遞送協定。
HTTP：提供 WWW 超文件連結協定。
Telnet：Telnet 是 Internet 遠端登錄服務協定。

76. ( ) 下列所述之輔助記憶體中，何者之存取速度最快？
(1)軟碟機　(2)硬碟機　(3)光碟機　(4)磁帶機。 (2)

解析 存取速度：硬碟機＞光碟機＞軟碟機＞磁帶機。

77. ( ) 使用 IE 瀏覽全球資訊網(WWW)時，無法以網域名稱連接，而改以 IP 位址連接則正常，該如何解決？ (1)檢查客戶端的 DNS 伺服器設定 (2)檢查客戶端的 IP 位址是否相衝 (3)檢查客戶端的預放通訊欄是否設定錯誤 (4)檢查連線是否有問題。 (1)

78. ( ) 關於「全球資訊網 WWW(World Wide Web)」的敘述中，以下哪一項正確？
(1)只能在 Internet 中使用　(2)圖形和文件資源都可被連結在 web 網頁內
(3)它只能使用以圖形為介面的瀏灠器　(4)它不能加入表格。 (2)

79. ( ) 收到一個副檔名為.asp 的程式，該如何啟動它？ (1)可直接在瀏覽器執行 (2)需重新編譯方能執行 (3)需要連上具執行程式能力的網站伺服器方可執行 (4)要另存副檔名為.bat 的新檔案方可被執行。 (3)

80. ( ) 下列四個 SQL 指令，何者不正確？
(1)INSERT INTO Table1 (fa,fb,fc)(1,20,30);
(2)DELETE FROM Table1 WHERE fa=1;
(3)UPDATE Table1 SET fb=fb*2 WHERE fa=1;
(4)SELECT * FROM Table1;。 (1)

解析 正確寫法如右：INSERT INTO Table1 (fa,fb,fc) **values** (1,20,30);

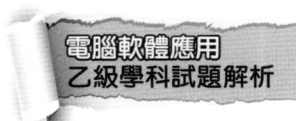

81. ( ) 下列設備何者通常作為輸入裝置？ (4)
(1)Printer (2)Speaker (3)Plotter (4)Mouse。

> 解析　Printer(印表機)、Plotter(繪圖機)屬列印設備，均為輸入裝置。

82. ( ) 公司的員工希望可以接收電子郵件(E-Mail)，你要幫他設定哪一種伺服器？ (3)
(1)LDAP (2)NNTP (3)POP3 (4)DNS。

83. ( ) 在設定網路連線時，「SMTP 伺服器」是指哪一種伺服器？ (2)
(1)收信伺服器 (2)寄信伺服器 (3)檔案伺服器 (4)網站伺服器。

> 解析　網站伺服器：http、檔案伺服器：ftp、收信伺服器：pop3、寄信伺服器：smtp

84. ( ) 「WWW 伺服器」預設使用 TCP 的哪一個 port number 傳送資料？ (2)
(1)21 (2)80 (3)70 (4)110。

> 解析　WWW 的通訊協定是 HTTP，因此，預設使用 TCP 的 port number 為 80。FTP 預設使用 TCP 的 port number 為 21。

85. ( ) 使用瀏覽器瀏覽一部名為「www.myweb.com.tw」的電腦上「port number 為 8000」的 Web 虛擬主機，位址應如何輸入？ (3)
(1)http://www.myweb.com.tw/
(2)http://www.myweb.com.tw/default.htm
(3)http://www.myweb.com.tw:8000/
(4)http://www.myweb.com.tw/8000。

86. ( ) 開機時螢幕電源指示燈已亮，但螢幕卻無畫面出現，則下列何者非檢查要項？ (3)
(1)螢幕訊號轉接頭不良 (2)主機板故障 (3)鍵盤接觸不良 (4)顯示卡故障。

87. ( ) 拆裝電腦時應先？ (1)進入測試軟體後再拆裝 (2)螢幕關機後再開機 (3)按 Reset 鍵後再拆裝 (4)關閉電腦電源後再拆裝。 (4)

88. ( ) 網際網路的傳送訊息封包成許多小包，下列何者不是其目的？ (1)改善網路傳遞時的速率 (2)保證資料傳遞正確沒有錯誤 (3)傳輸時間耗費較少 (4)便於檢查每一封包的正確性。 (3)

89. ( ) 程式設計時，若同一段敘述要重覆執行若干次，則採用？ (2)
(1)循序結構 (2)迴路結構 (3)選擇結構 (4)樹狀結構。

90. ( ) CPU 的位址線匯流排對 CPU 而言為： (2)
(1)僅能輸入 (2)僅能輸出 (3)輸出入皆可 (4)不能輸出入。

> 解析　CPU 的位址匯流排與控制匯流排均為單向傳輸，對 CPU 而言，僅能輸出。

91. ( ) 電腦的電源在關機(Off)後，下列何種記憶體之內容不會消失 (3)
(1)DRAM (2)SRAM (3)BIOS (4)Virtual Disk。

> 解析　BIOS 是儲存於 ROM(唯讀記憶體)中的軟體，資料不會在關機後消失。
> Virtual Disk(虛擬磁碟)本身為 RAM(隨機記憶體)，關機後資料即消失。

92. ( ) 下列何者不是結構化程式設計所採用的基本結構？ (3)
(1)重覆結構 (2)選擇結構 (3)跳躍結構 (4)循序結構。

93. ( ) 下列何者不是數據通訊之傳輸媒體？ (3)
(1)同軸電纜 (2)微波 (3)數據機 (4)光纖。

> **解析** 數據機是數位類比的電訊轉換設備。

94. ( ) 在資料通訊系統中，資料傳輸時，為了避免資料被竊取，因而使資料外洩應做何種防範措施？ (2)
(1)將資料做錯誤檢查 (2)將資料加密 (3)將資料解密 (4)將資料解壓縮。

> **解析** 資料加密：以數學運算將資料加密轉換為密文的的一種技術。

95. ( ) 在 TCP/IP 網路裏，每一主機都有一個 IP 位址，而每個 IP 位址是幾個位元的資訊？ (3)
(1)8 位元 (2)16 位元 (3)32 位元 (4)64 位元。

> **解析** IP 位址是由 4 組 8 位元的資料所組成：255.255.255.255。

96. ( ) 下列何者不是影響 PC(個人電腦)系統功能的因素？ (1)CPU 的時鐘頻率 (2)CPU 的主儲存體容量 (3)CPU 所能提供的指令集 (4)CPU 的配置模式。 (4)

97. ( ) 下列哪個敘述是錯的？ (1)任何十進位整數都可用二進位表示 (2)任何十進位小數都可用二進位表示 (3)任何二進位整數都可用十進位表示 (4)任何二進位小數都可用十進位表示。 (2)

> **解析** 任何十進位小數理論上可用二進位表示，只是表達的位數多寡不同。

98. ( ) 若考慮正負號，1 個 Byte 的長度，它可以儲存的最大值？ (2)
(1)255 (2)127 (3)512 (4)36727。

> **解析** 1 Byte = 8 bits，扣掉一個位元用來表示正負號，可以表達的範圍為 -127～127。

99. ( ) 若不考慮正負號，1 個 Byte 的長度，它可以儲存的最大值？ (1)
(1)255 (2)512 (3)128 (4)1024。

> **解析** $(11111111)_2 = (100000000)_2 - 1 = 2^8 - 1 = 256 - 1 = 255$

100. ( ) 在實作副程式(Subroutine)呼叫時，需使用何種資料結構來處理返回呼叫程式的位址？ (1)Queue (2)Stack (3)Tree (4)Linked list。 (2)

101. ( ) 下列關於「雙核心 CPU」的敘述，何者正確？ (1)雙核心 CPU 就是指加入了 Hyper-Threading 技術的 CPU (2)雙核心 CPU 是利用平行運算的概念來提高效能 (3)雙核心 CPU 就是 32 位元 x2，也就是所謂的 64 位元 CPU (4)雙核心 CPU 的時脈是單核心 CPU 時脈的兩倍。 (2)

> **解析** Hyper-Threading 技術屬於一種同步多執行緒技術(SMT，Simultaneous Multi Threading)，可以在單一顆處理器上對多執行緒(multi-threaded)伺服軟體的多個工作緒進行平行處理，或在單一顆處理器上同時執行多個軟體，讓您的電腦平台發揮多執行緒伺服軟體的執行效率。

102. (　) 下列關於「雙核心 CPU」的敘述，何者錯誤？ (1)雙核心 CPU 因為有 2 個核心，所以耗電量是單核心 CPU 的 2 倍 (2)雙核心 CPU 所使用的程式必須經過特別設計，才能發揮效能 (3)雙核心 CPU 內，共有 2 組的控制單元和算術/邏輯運算單元 (4)雙核心 CPU 若加上了 Hyper-Threading 技術，作業系統會認為擁有四組處理器。　(1)

解析　雙核心 CPU 雖有 2 個核心其耗電量不一定為單核心 CPU 的 2 倍。

103. (　) 下列關於「CPU 時脈」敘述，何者錯誤？ (1)一般描述 CPU 的效能時，是以 CPU 運作的「時脈頻率」，也稱為「工作時脈」來描述 (2)早期其單位為 MHz，如 Celeron 950 與 Duron 800 就是指其時脈頻率分別為 950MHz 與 800MHz (3)近來則發展到 GHz 的速度，像是 Pentium4 3.2G、Duron 1.8G (4)時脈頻率愈高不表示執行效能愈快。　(4)

104. (　) 下列何者是 Really Simple Syndication(RSS)所使用的語言技術？
(1)Java　(2)Object C　(3)XML　(4)HTML。　(3)

105. (　) 下列關於「快取記憶體」的敘述，何者錯誤？ (1)配置在暫存器和主記憶體之間 (2)通常配置容量相當於主記憶體的容量 (3)由於 CPU 讀取需要的指令或資料時，會先到快取記憶體尋找，若找不到時才會再到主記憶體中讀取 (4)若 CPU 在快取記憶體就能找到需要的資料，便無需再到主記憶體讀取，故資料傳送的時間就能大幅縮短。　(2)

解析　快取記憶體配置容量通常較主記憶體的容量小。

106. (　) 為了避免實體主記憶體不足而無法執行程式，所發展出的技術為何？
(1)快取記憶體　(2)輔助記憶體　(3)快閃記憶體　(4)虛擬記憶體。　(4)

107. (　) 「編譯器」主要的功能為何？
(1)將組合語言程式碼轉譯成機器碼　(2)將程式重新定址
(3)將高階語言程式碼轉譯成機器碼　(4)連結互相呼叫的程式。　(3)

108. (　) 下列哪一種「排程演算法」，理論上能得到最短的平均等待時間？
(1)先到先做(FCFS)　　　　　　　(2)最短工作先做(SJF)
(3)優先權(Priority)　　　　　　　(4)循環分配(RR)。　(2)

解析
(1) 先到先做(FCFS)容易設計，但易造成護送效應，排班程式的效益最差。
(2) 最短工作先做(SJF)能得到最短的平均等待時間。
(3) 優先權(Priority)會將 CPU 指定給具有最高優先等級的 process。若同時間有多個相等優先等級的 process 欲使用 CPU 時，則採用 FIFO 方式。
(4) 循環分配(RR)Time-sharing 設計的。在這種設計中，把一小段時間定義為時間配額(Time Quantum)或時間分槽(Time Slice)，每個 process 皆有固定時間量來使用 CPU。

109. (　) 下列哪一種「排程演算法」具有時間配額的設計？ (1)先到先做(FCFS) (2)最短工作先做(SJF)　(3)優先權(Priority)　(4)循環分配(RR)。　(4)

110. ( ) 下列哪一種「排程演算法」可以產生共享處理器現象？ (4)
(1)先到先做(FCFS) (2)最短工作先做(SJF)
(3)優先權(Priority) (4)循環分配(RR)。

111. ( ) 下列何者不屬於「無線網路」技術規格？ (3)
(1)802.11a (2)Bluetooth (3)100BaseTX (4)WAP。

> 解析：100 Base TX 屬有線網路之技術。

112. ( ) 下列何者是動態 IP 位址的特色？ (1)連線時才取得 IP 位址 (2)IP 位址固定不變 (1)
(3)IP 位址為自己專用 (4)適合用來架站。

> 解析：採用動態 IP 位址時，主機在每次連線取得之 IP 均不同，故不適合架站。

113. ( ) 在判斷發送端與目的地是否位於相同網路區段時，會執行下列哪一種邏輯運算？ (3)
(1)XOR (2)OR (3)AND (4)NOT。

114. ( ) 「TCP 協定」的主要功用不包含下列哪一項？ (2)
(1)錯誤處理 (2)加密 (3)重送 (4)控制流量。

115. ( ) 下列敘述何者正確？ (2)
(1)IPv4 位址為 64bits
(2)IPv6 位址為 128bits
(3)IPv4 位址通常以「4 段式、16 進位」表示
(4)「203.74.205.256」為正確的 IPv4 位址。

> 解析：現今網際網路的 IPv4 位址係由四組數字所組成，每台上網的電腦都有專屬的一組 IP，每組數字 0～255，由 4 組 8 位元組成，因此 IPv4 位址是一個 32 位元的數值。
> - IPv4(Internet protocol Version 4)的位址是 32bits。
> - IPv6(Internet protocol Version 6)的位址是 128bits。

116. ( ) 通常在接收電子郵件時，使用下列哪一種協定？ (2)
(1)SMTP (2)POP3 (3)FTP (4)ARP。

117. ( ) 若一個堆疊(Stack)可存放 5 個元素，連續 push 5 筆資料後，再繼續 push 1 筆資料會？ (1)失敗，不能再 push 資料進去 (2)將第 1 筆資料 pop 出來 (3)將第 5 筆資料 pop 出來 (4)將第 2 筆資料 pop 出來。 (1)

118. ( ) 下列關於「排序」的敘述，何者錯誤？ (1)要排序的資料量會影響排序的速度 (2)快速排序法使用分而治之的概念 (3)氣泡排序法不能用來將資料由大排到小 (4)快速排序法比氣泡排序法有較佳的效率。 (3)

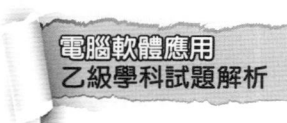

排序法名稱	優點	缺點
泡沫排序	適合於初排的情況	交換次數很多
插入排序	簡單易懂	費時
選擇排序	交換次數為 0，適合於數列較小(小於 100)的情況	比對的次數會與資料筆數成正比
快速排序	適合於數列較大的情況，其運作的時間較快	但須要額外空間來暫存資料

119. ( ) 下列何種應用不是使用「佇列(Queue)」資料結構？ (1)個人電腦的鍵盤緩衝區 (2)作業系統的處理工作排程 (3)呼叫函式時，儲存返回位址及傳遞參數 (4)印表機的列印工作排程。 (3)

    佇列(Queue)為先進先出，而呼叫函式時，儲存返回位址及傳遞參數採用 Stack(後進先出)方式運作。

120. ( ) 「將資料以表格的方式儲存，並透過參考的關係來查詢相關資料」，是屬於何種資料模型？ (1)階層式 (2)關聯式 (3)物件導向式 (4)表格式。 (2)

    (1) 階層式資料庫：是採用樹狀的結構，將資料分門別類儲存在不同的階層下。
    (2) 網路式資料庫：即擴增階層式資料庫的一對多關係成為多對多的關係之另一種資料庫。
    (3) 關聯式資料庫：是利用資料表與資料表之間的相同欄位的「關聯」或稱為「參考」，也可查詢位於其他資料表中的相關資料。
    (4) 物件導向式資料庫：是比較新的一種資料庫架構，它是以物件導向的方式來設計資料庫，其中包含了物件的屬性、方法、類別及繼承等特性。

121. ( ) 下列何者不是使用資料庫的優點？ (1)減少資料的重複性 (2)強化資料的保密性及安全性 (3)減少儲存資料的空間 (4)不需專人管理及維護資料庫。 (4)

122. ( ) 下列何者不是建置管理資訊系統的目的？ (1)提供企業組織必要的資訊 (2)支援企業組織的管理及決策 (3)提供國稅局查核公司預算 (4)協助企業組織獲取更佳的績效。 (3)

123. ( ) 下列何者為 WWW 的通訊協定？ (1)HTTP(Hyper Text Transfer Protocol) (2)SMTP(Simple Mail Transfer Protocol) (3)FTP(File Transfer Protocol) (4)PPP(Point to Point Protocol)。 (1)

    PPP(點對點傳輸協定)：一對一的網路連線傳輸通訊協定。
    FTP：提供檔案傳輸協定。
    SMTP：提供郵件遞送協定。
    HTTP：提供 WWW 超文件連結協定。
    POP3：提供郵件接收協定。

124. ( ) 下列何者為規範網際網路上電子郵件傳遞的通訊協定？ (1)HTTP(Hyper Text Transfer Protocol) (2)SMTP(Simple Mail Transfer Protocol) (3)FTP(File Transfer Protocol) (4)PPP(Point to Point Protocol)。 (2)

125. ( ) 在電子商務中，確認訊息來源的服務機制是？
(1)對稱式加密 (2)數位簽章 (3)Unicode (4)資料探勘(Data Mining)。 (2)

 數位簽章是非對稱式加密應用之一，用於確認接收訊息的完整性與簽署者身分。這個技術大量被應用於電子商務中，提供訊息之不可否認特性。

126. ( ) 下列何者是數位浮水印技術的主要應用範圍？
(1)上網撥接 (2)電子商務的安全查核 (3)網域名稱查詢 (4)使用者管理。 (2)

127. ( ) 當接收到一密文(ciphertext)為「YBIR」，而且知道它是將明文(plaintext)的英文字母所對應之次序數字(如 A 的字母次序數字為 1，B 次序數字為 2，...，Z 次序數字為 26)，經過以下公式：密文的字母次序數字＝((明文的字母次序數字＋13)mod26)，來得到新的英文字母所對應之次序數字，其中 mod 為兩個整數作除法所得到之餘數，請問原來的明文訊息(message)應該為哪一個？ (1)LIKE (2)LOVE (3)LONG (4)LOST。 (2)

 首先計算明文與密文之對照表
A：((1+13) mod 26)=14 → N
B：((2+13) mod 26)=15 → O
以此類推
C→P，D→Q 等，便可以編制密文對照表，如下表所示

序數	1	2	3	4	5	6	7	8	9	10	11	12	13
密文	N	O	P	Q	R	S	T	U	V	W	X	Y	Z
明文	A	B	C	D	E	F	G	H	I	J	K	L	M

序數	14	15	16	17	18	19	20	21	22	23	24	25	26
密文	A	B	C	D	E	F	G	H	I	J	K	L	M
明文	N	O	P	Q	R	S	T	U	V	W	X	Y	Z

依上表可將密文「YBIR」反推明文為「LOVE」。

128. ( ) 下列何種機制使得 Java 能夠完成跨平台(Cross Platform)運作？
(1)例外處理 (2)物件導向 (3)虛擬機器 (4)多執行緒(Multi-thread)。 (3)

 Java 的編譯器將原始碼編譯成位元碼(Byte code)，且各種型式電腦主機上執行 Java 虛擬機器，提供相同 Java 執行平台，均能讀取位元碼，便可以達到"Write once, Run anywhere"的 Java 跨平台理想。

129. ( ) 下列何者之功能是網路防火牆(Firewall)所無法提供的？
(1)流量管理稽核 (2)集中安全控管 (3)用戶身分管理 (4)阻絕異常存取。 (3)

 用戶身分管理是由網路作業系統負責。

130. ( ) 下列何者是不提供日誌(Journaling)功能的檔案系統？ (1)
(1)Ext2　(2)Ext3　(3)Ext4　(4)ReiserFS。

131. ( ) 下列關於「網路服務」所通用的埠號(Port)之敘述，何者有誤？ (2)
(1)HTTP 使用 port 80　　(2)Telnet 使用 port 161
(3)POP3 使用 port 110　　(4)SMTP 使用 port 25。

通訊協定	http	ftp	Telent	SMTP	POP3
埠號	80	21	23	25	110

132. ( ) 下列可以偵測錯誤的編碼方法中，何者具錯誤更正能力？ (1)
(1)漢明碼(Hamming Code)
(2)同位元檢查(Parity Bit Check)
(3)循環冗餘檢查碼(Cyclic Redundancy Check Code)
(4)檢查和(Checksum)。

133. ( ) 下列「排序演算法」中，哪一種的平均速度最快？ (3)
(1)泡沫排序　(2)選擇排序　(3)快速排序　(4)插入排序。

排序法名稱	優點	缺點
泡沫排序	適合於初排的情況	交換次數很多
插入排序	簡單易懂	費時
選擇排序	交換次數為0，適合於數列較小(小於100)的情況	比對的次數會與資料筆數成正比
快速排序	適合於數列較大的情況，其運作的時間較快	但須要額外空間來暫存資料

嚴謹來看，排序演算法各有優劣，端看您要解決的問題選擇較適合的演算法。

134. ( ) 對於 SQL 語法的使用，下列何者有誤？ (1)透過 Like 運算子，可以查詢某一字串或字元的一部份　(2)使用四則運算在 SQL 查詢語法中是可行的　(3)就字串資料型態而言，「||」在查詢中可被用來串接兩個字串值　(4)使用 DESC 關鍵字可以達到查詢結果的遞增排序的效果。 (4)

 DESC 關鍵字可以達到查詢結果的遞減排序的效果

135. ( ) 一般而言，路由表(Routing Table)中不會出現何種資訊？ (2)
(1)Next hop address　(2)MAC address　(3)Network address　(4)Metrics。

 MAC address 硬體位址。

136. ( ) 「路由器將鏈結狀態(link state)的資訊，送往相鄰路由器」，該遞送的過程稱為？ (1)
(1)flooding　(2)forwarding　(3)informing　(4)converging。

137. ( ) 電腦 A 經由乙太網路直接送一個 IP 封包給電腦 B，但電腦 B 的網路卡當掉無法運作，則該封包最有可能的下場為何？ (1)封包內部產生逾時(time out)錯誤，自行銷毀 (2)由電腦負責回收銷毀 (3)由網路內監控電腦(monitor)回收銷毀 (4)消失在末端的終端機(terminator)上。 (1)

138. ( ) 下列哪一個指令可以告訴使用者 Ethernet 相關的通訊統計資訊？ (1)ipconfig (2)tracert (3)netstat (4)ping。 (3)

139. ( ) 哪一種 switch 模式會將整個封包的內容全部讀取後，再繼續傳送？ (1)Fast Forward (2)Tabling (3)Cut-through (4)Store-and-Forwarded。 (4)

140. ( ) 某電腦的主記憶體為 640KB，但可執行 2MB 的程式，請問該電腦可能使用下列何者？ (1)快取記憶體(Cache Memory) (2)關聯記憶體(Associate Memory) (3)虛擬記憶體(Virtual Memory) (4)隨機存取記憶體(Random Access Memory)。 (3)

解析 虛擬記憶體是利用作業系統在硬碟上切割一塊區域，稱為「虛擬記憶體交換(置換)檔」，將磁碟空間模擬成主記憶體，將主記憶體中放置過久，或是較無急切性的資料放置此區域，以邏輯上來說，等同於加大主記憶體的容量，使程式在執行時，較不受主記憶體的容量所限制。

141. ( ) 下列何者不是密碼學原理最主要的應用？ (1)數位簽章(Digital Signature) (2)數位浮水印(Digital Watermarking) (3)藍芽(Bluetooth)技術 (4)公開金鑰基礎建設(Public Key Infrastructure，PKI)。 (3)

解析 藍牙技術是屬於一種通訊技術，非密碼相關技術。

142. ( ) 下列何者不是網頁上所使用的語言？ (1)HTML(Hyper Text Markup Language) (2)Java Script (3)DHTML(Dynamic HTML) (4)UML(Unified Modeling Language)。 (4)

解析 UML(Unified Modeling Language)是物件導向分析工具。

143. ( ) 下列何者不是資料結構(Data Structure)所探討的課題？ (1)堆疊(Stack) (2)排序(Sorting) (3)搜尋(Searching) (4)多工(Multitasking)。 (4)

解析 多工(Multitasking)屬於作業系統的範疇。

144. ( ) 資訊系統的轉換方式中，讓舊系統與新系統一起運作，直到新系統證明可靠了才停止舊系統的運作，是下列哪一種轉換方式？
(1)平行式(parallel)轉換 (2)直接式(direct)轉換
(3)引導式(pilot)轉換 (4)階段式(phased)轉換。 (1)

145. ( ) 范紐曼機(von Neumann Machine)CPU 的運作可以區分成四個階段，下列何者不正確？ (1)提取(Fetch) (2)解碼(Decode) (3)重載(Reload) (4)寫回(Writeback)。 (3)

解析 CPU 的主要運作原理，都是執行儲存於被稱為程式裡的一系列指令。在此討論的是遵循普遍的馮·紐曼結構(von Neumann architecture)設計的裝置。程式以一系列數位儲存在電腦記憶體中。馮·紐曼 CPU 的運作原理可分為四個階段：提取、解碼、執行和寫回。

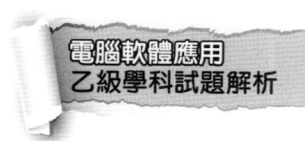

146. ( ) 下列關於「分散式電腦系統(Distributed Computer System)」的敘述,何者不正確? (4)
(1)將多部獨立電腦以網路匯集而成 (2)使用者感覺上就像是在使用一部電腦 (3)具有優於大型主機(Mainframe)的延展性(Scalability) (4)建置成本通常遠高於大型主機(Mainframe)。

147. ( ) 下列關於「藍芽(Bluetooth)技術」的敘述,何者不正確? (1)是一種可以應用在電腦、行動電話、家電用品的無線傳輸技術 (2)傳輸距離有 50 公尺與 500 公尺兩種 (3)可以與其他藍芽裝置進行一對多連接 (4)傳輸無方向性。 (2)

> 解析：藍牙規格有兩種傳輸範圍,較短的範圍是 10 公尺,大約是一個房間的距離,中程範圍是 100 公尺,是一般家中的涵蓋範圍。藍牙系統是在 2.4GHz ISM 的頻寬中操作,而每個頻道的無線連結最高可達 720Kbps 傳輸語音或數據。藍牙技術逐漸與第三代行動電話中的 GPRS 與 WAP 通訊協定結合,將可刺激無線電通訊的使用。

148. ( ) 下列關於「藍光光碟(Blu-ray Disc,簡稱 BD)」的敘述,何者不正確? (3)
(1)BD 採用波長 405 奈米的藍色雷射光束來做讀寫
(2)相對於 DVD,BD 的容量大幅提升,將可以容納畫質更高、音效更佳的影音內容
(3)DVD 燒錄機可以進行 BD 的燒錄
(4)BD 採用 CDFS 檔案系統。

> 解析：藍光光碟機是使用藍色雷射光來讀取 CD、DVD、藍光光碟片上的資料。單層藍光光碟片的容量為 25GB,雙層的容量為 50GB。藍色雷射光的波長為 405 奈米比紅色雷射光的波光束細,能更精細地判讀光碟片上的資料,因此藍光光碟片較 CD、DVD 光碟片的儲存容量較大且資料密度較高。DVD 燒錄機使用紅色雷射光所無法對 BD 燒錄。

149. ( ) 下列關於「DVD(Digital Versatile Disc)」的敘述,何者不正確? (1)
(1)DVD 採用波長 405 奈米的藍色雷射光束來做讀寫
(2)DVD-9 是單面雙層的 DVD 碟片,標稱容量 8.5GB
(3)DVD-RAM 是可以重覆寫入的 DVD 碟片
(4)DVD 區域碼(DVD Region Code)是影音產品經銷商與代理商的權益保障機制。

150. ( ) 下列關於「關聯代數(Relational Algebra)」的敘述,何者不正確? (4)
(1)關聯代數的運算元(Operand)皆為關聯(Relation) (2)關聯代數的計算結果皆為關聯(Relation) (3)和關聯代數具備相同能力的查詢語言可以宣稱具有關聯完整性(Relationally-Complete) (4)關聯式計算(Relational Calculus)不具有關聯完整性(Relationally-Complete)。

151. ( ) 關聯代數(Relational Algebra)當中,下列哪一個運算子可以從關聯(Relation)當中挑選出符合條件的值組(Tuple)? (1)
(1)選擇(Selection) (2)投影(Projection) (3)合併(Join) (4)除法(Divide)。

152. (　) 關聯代數(Relational Algebra)當中，下列哪一個運算子可以從關聯(Relation)當中挑選出特定的屬性(Attribute)？ (1)選擇(Selection) (2)投影(Projection) (3)合併(Join) (4)除法(Divide)。　(2)

153. (　) 資料庫的每個交易(Transaction)都應該具備四項特性，下列何者不正確？ (1)自動性(Automaticity) (2)一致性(Consistency) (3)隔離性(Isolation) (4)持續性(Durability)。　(1)

> **解析** 交易(Transaction)應該具有的特性包括：Atomicity 單元性、Consistency 一致性、Isolation 隔離性、Durability 持續性。

154. (　) 下列關於「資料庫程序(Database Procedure)」的敘述，何者不正確？ (1)觸發(Trigger)是事件驅動(Event-Driven)的資料庫程序，當指定的事件發生時會自動執行 (2)需要處理的資料量很大、而資料庫伺服器的負載很小時，是考慮使用資料庫程序的適當時機 (3)Microsoft SQL Server 純量函數(Scalar User-Defined Function)的回傳值可以是 TABLE 型態 (4)Microsoft SQL Server 純量函數(Scalar User-Defined Function)的回傳值可以是 INT 型態。　(3)

> **解析** 純量函數回傳值可以是字串或數值。

155. (　) 下列何者不是「資料倉儲(Data Warehouse)」的主要特性？ (1)主題導向(Subject-Oriented) (2)整合性(Integrated) (3)時間變動性(Time-Variant) (4)揮發性(Volatile)。　(4)

> **解析** 資料倉儲具有主題導向(Subject-Oriented)、整合性(Integrated)、時間差異性(Time-Variant)、不可變動性(Nonvolatile)四大特性。

156. (　) 下列何者不是「資料倉儲(Data Warehouse)」的主要資料模型(Data Model)？ (1)星狀模型(Star Schema) (2)雪花狀模型(Snowflake Schema) (3)星座模型(Constellation Schema) (4)階層模型(Hierarchical Schema)。　(4)

> **解析** 資料倉儲三種資料模型(Data Model)有星狀模型(Star Schema)、雪花狀模型(Snowflake Schema)、星座模型(Constellation Schema)。

157. (　) 下列關於「資料探勘(Data-Mining)」的敘述，何者不正確？ (1)通常直接對交易型資料庫(Transactional Database)進行資料探勘 (2)統計方法、人工智慧技術、資料庫技術是核心基礎 (3)關聯法則分析(Association Rule Analysis)可以用來瞭解哪些商品經常被一起購買 (4)序列探索(Sequence Discovery)可以依據客戶的訂購歷史來預測客戶即將購買的商品。　(1)

> **解析** 交易型資料庫其資料異動頻繁，通常資料探勘是對歷史資料。

158. ( ) 針對如下之實體關聯圖(Entity-Relationship Diagram)所規劃之資料庫，下列敘述何者不正確？ (1)資料庫有六個資料表(Table) (2)資料庫有三個關係(Relationship) (3)家長資料表(Table)有五個欄位(Field) (4)課程資料表(Table)與成績資料表之間的關係是一種一對多的關係。 (2)

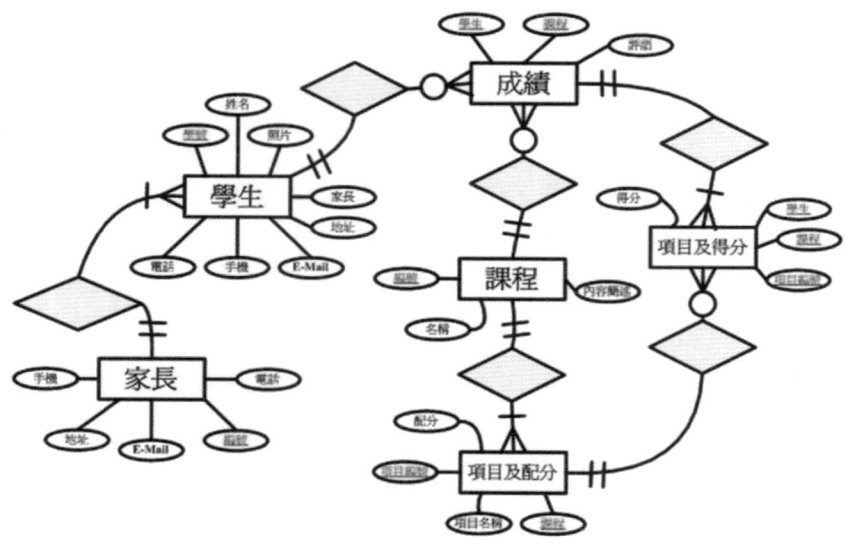

解析 以上資料庫有六個關係(Relationship)。

159. ( ) 撰寫結構化查詢語言(SQL)的 DELETE 陳述式，對關聯式資料庫(Relational Database)進行資料刪除作業時，如果沒有加上適當的 WHERE 子句將會造成何種結果？ (1)目標資料表(Table)的所有資料均被刪除 (2)目標資料表(Table)只有第一筆資料被刪除 (3)目標資料表(Table)只有最後一筆資料被刪除 (4)目標資料表(Table)只有前五筆資料被刪除。 (1)

160. ( ) 某個關聯式資料庫(Relational Database)以客戶資料表(Table)當中的「住址」欄位來保存客戶的完整住址。如果希望撰寫結構化查詢語言(SQL)的非巢狀 SELECT 陳述式，來查詢居住在「南投縣」或「台中市」之客戶資料，下列敘述何者不正確？ (1)SELECT陳述式當中應該加上WHERE子句 (2)WHERE子句當中應該使用LIKE運算子 (3)WHERE子句當中應該出現 OR 運算子 (4)WHERE 子句當中應該使用=運算子。 (4)

161. ( ) 針對結構化查詢語言(SQL)陳述式「SELECT * FROM A LEFT OUTER JOIN B ON A.pk=B.pk」的查詢結果，下列敘述何者正確？ (1)A 資料表(Table)的每一筆資料在查詢結果中，最少會出現一次 (2)查詢結果的資料筆數等於 A 資料表(Table)的資料筆數與 B 資料表的資料筆數兩者之和 (3)查詢結果的資料筆數等於 A 資料表(Table)的資料筆數與 B 資料表的資料筆數兩者之積 (4)查詢結果的欄位數目與 A 資料表(Table)相同。 (1)

162. ( ) 如果 A 資料表(Table)有 N 筆資料、X 個欄位；資料表 B 有 M 筆資料、Y 個欄位，則針對結構化查詢語言(SQL)陳述式「SELECT * FROM A CROSS JOIN B」查詢結果的<u>資料筆數</u>為 (1)N×M (2)X×Y (3)N＋M (4)X＋Y。 (1)

163. ( ) 如果 A 資料表(Table)有 N 筆資料、X 個欄位；資料表 B 有 M 筆資料、Y 個欄位，則針對結構化查詢語言(SQL)陳述式「SELECT * FROM A CROSS JOIN B」查詢結果的<u>欄位數目</u>為？ (1)N×M (2)X×Y (3)N＋M (4)X＋Y。 (4)

164. ( ) 小明的家裡有十台電腦，但提供網際網路(Internet)連結服務的電信公司只配給了三個 IP，如果希望這十台電腦能夠同時間上網，小明還需要使用何種網路設備？ (1)寬頻分享器(Internet Broadband Router) (2)集線器(Hub) (3)路由器 (Router) (4)MOD 機上盒。 (1)

> **解析** MOD 機上盒(Multimedia on Demand)是中華電信推出的一種多媒體平台 IPTV 服務，全名中華電信多媒體內容傳輸平台。透過寬頻網路將各種影音資訊傳至機上盒，再呈現在電視機上。
>
> 由於連上網際網路所需的 IP 數不夠用，因此，個人用戶必須額外加裝 IP 寬頻分享器(Internet Broadband Router)，才能上多台電腦共同使用一組 IP 連上網際網路，且使家中多台電腦共用寬頻連線而上網。

165. ( ) 小明希望在家裡架設無線上網環境，下列敘述何者不正確？ (1)沒有內建無線上網功能的電腦應該添加無線網路卡 (2)應該在適當地點配置無線基地台(Access Point) (3)無線基地台(Access Point)之間無法做無線連接 (4)印表機可以透過無線網路來遠端使用。 (3)

> **解析** 無線基地台可以利用無線分散系統 WDS 彼此之間連接。

166. ( ) 小明家裡的電腦突然無法上網，下列敘述何者最不可能是問題所在？ (1)ADSL Modem 故障 (2)IP 分享器故障 (3)電信公司的機房設備故障 (4)MOD 機上盒故障。 (4)

> **解析** MOD 機上盒(Multimedia on Demand)是中華電信推出的一種多媒體平台 IPTV 服務。

167. ( ) 小明無法從學校使用行動電話連結家裡的資料庫，下列敘述何者最不可能是問題所在？ (1)行動電話無法順利連結學校的無線基地台(Access Point) (2)行動電話從學校配得的 IP 被家裡的寬頻分享器(Internet Broadband Router)封鎖 (3)資料封包被學校的防火牆過濾掉 (4)家裡的 FTP Server 無法正常運作。 (4)

> **解析** FTP Server 非資料庫系統。

168. ( ) 下列關於「無線分散系統(Wireless Distribution System)」的敘述，何者不正確？ (1)區分成無線橋接(Bridge)與無線中繼(Repeater)兩種應用 (2)相互連結的無線基地台(Access Point)應該將 SSID 設為不同 (3)相互連結的無線基地台(Access Point)應該使用相同的無線網路頻道 (4)相互連結的無線基地台(Access Point)應該將安全機制設為相同。 (2)

無線分散系統(Wireless Distribution System，WDS)指的是一個能讓無線區域網路中的存取點(Access Point)透過無線方式互相連結的一套系統。讓多個存取點無需傳統的有線骨幹連接需求即可延伸一個無線網路。無線分散系統可提供兩種無線存取點對存取點(AP-to-AP)的連接模式：

(1)無線橋接(Wireless Bridge)模式：此模式下無線分散系統的存取點只與存取點溝通而不允許無線客戶端(STA)存取它們。(不接受連線) (2)無線中繼(Wireless Repeater)模式：此模式下無線分散系統的存取點可互相溝通也可與無線客戶端溝通。(可接受連線)相關設定要件如下說明：

(1) 兩個具有 WDS 功能的 AP
(2) 兩個 AP 的 SSID 要相同(依據晶片限制所以需要相同，有些則不用)
(3) 兩個 AP 使用的無線網路頻道必須相同
(4) 兩個 AP 啟動 WDS，並互設對方的 wireless MAC address
(5) 兩個 AP 的安全機制必須相同

無線中繼(repeater)模式，同時橋接和接受無線客戶端(與傳統無線橋接相異)。因此無線連接的客戶端網路傳輸量(Throughput)會減半。

優點：

(1) 降低成本：對於已內建支援 WDS 的 AP 而言，並不需要額外購買其他配備來擴充。在建置網路的過程中也不用另外佈線，僅需將欲佈建的 AP 在可互相涵蓋的範圍中架設好，並做設定即可。可省去建置網路的時間、人工、設備等成本。
(2) 設定簡便：僅需在 AP 設定畫面中設定欲連結 AP 的無線網路 MAC 位址即可。
(3) 易於維護：透過無線方式連結，可免去內部線路問題的困擾。
(4) 無線漫遊：桌上型電腦、筆記型電腦、手持行動裝置等搭配無線網卡，即可暢遊網際網路。
(5) 靈活的彈性：可連結既有的有線網路，毋須重新規劃網路或建置。
(6) 涵蓋範圍廣大：支援多部 WDS 的 AP 構成一綿密的涵蓋範圍。

缺點：

(1) 安全性的考量：現階段的 AP 僅支援 64 bits 或 128 bits WEP 加密，而 IEEE 802.1X 的安全機制目前則不支援。
(2) 頻寬的限制：目前無線網路的最高速度為 IEEE 802.11g 的 54Mbps。

169. ( ) 在 W3C(World Wide Web Consortium)所制定的標準中，未包含下列何者？ (4)
(1)超文字標籤語言(Hyper Text Markup Language)
(2)文件物件模型(Document Object Model)
(3)JavaScript
(4)結構化查詢語言(Structured Query Language)。

 結構化查詢語言(Structured Query Language)用在資料庫查詢。

170. ( ) 主要功能為電子書閱讀的設備為何？ (3)
(1)iPod (2)iPhone (3)iPad (4)IEEE。

 iPod：音樂播放器、iPhone：手機、iPad：平板、IEEE：電機電子工程師學會

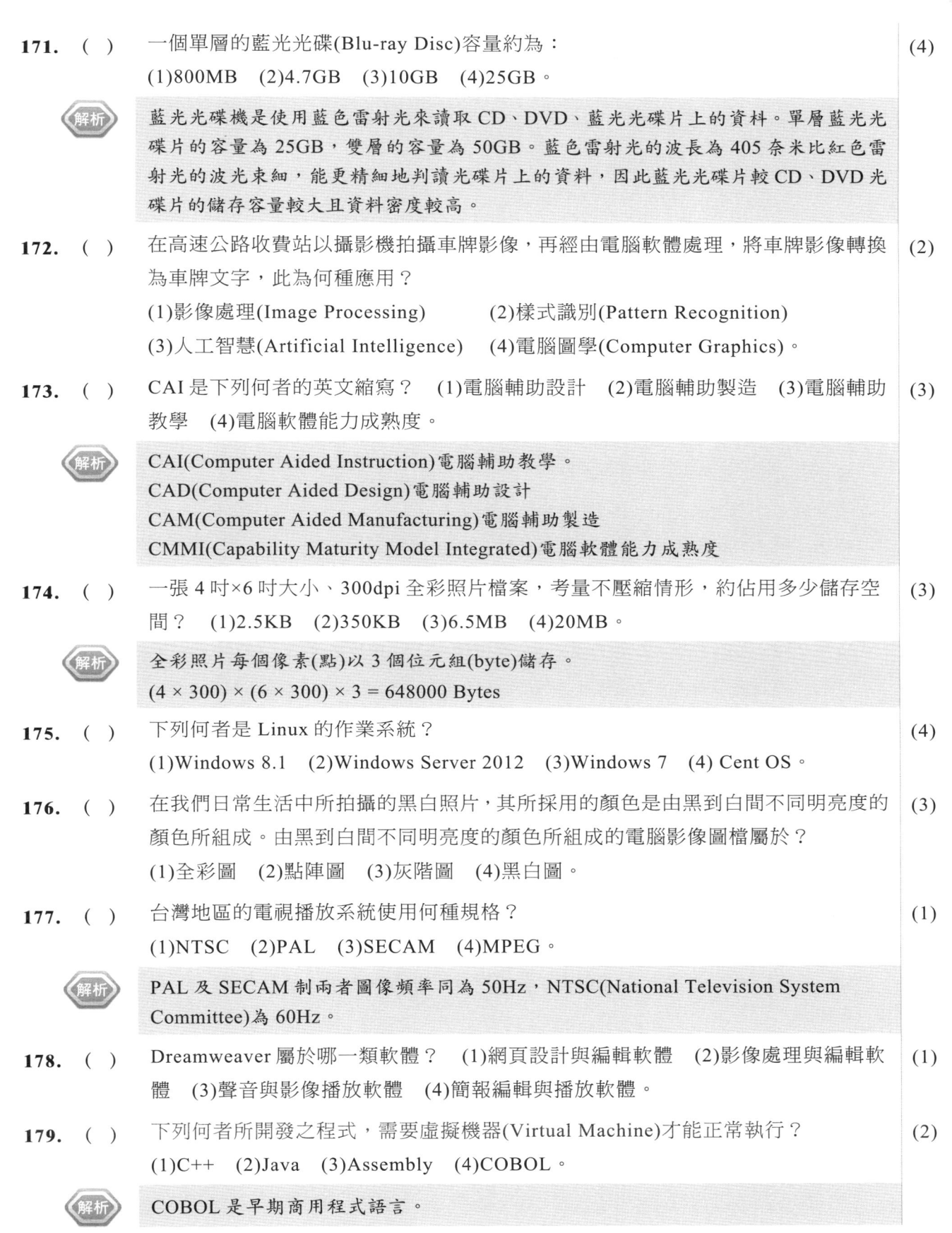

171. ( ) 一個單層的藍光光碟(Blu-ray Disc)容量約為： (4)
(1)800MB (2)4.7GB (3)10GB (4)25GB。

解析 藍光光碟機是使用藍色雷射光來讀取CD、DVD、藍光光碟片上的資料。單層藍光光碟片的容量為25GB，雙層的容量為50GB。藍色雷射光的波長為405奈米比紅色雷射光的波光束細，能更精細地判讀光碟片上的資料，因此藍光光碟片較CD、DVD光碟片的儲存容量較大且資料密度較高。

172. ( ) 在高速公路收費站以攝影機拍攝車牌影像，再經由電腦軟體處理，將車牌影像轉換為車牌文字，此為何種應用？ (2)
(1)影像處理(Image Processing) (2)樣式識別(Pattern Recognition)
(3)人工智慧(Artificial Intelligence) (4)電腦圖學(Computer Graphics)。

173. ( ) CAI是下列何者的英文縮寫？ (1)電腦輔助設計 (2)電腦輔助製造 (3)電腦輔助教學 (4)電腦軟體能力成熟度。 (3)

解析 CAI(Computer Aided Instruction)電腦輔助教學。
CAD(Computer Aided Design)電腦輔助設計
CAM(Computer Aided Manufacturing)電腦輔助製造
CMMI(Capability Maturity Model Integrated)電腦軟體能力成熟度

174. ( ) 一張4吋×6吋大小、300dpi全彩照片檔案，考量不壓縮情形，約佔用多少儲存空間？ (1)2.5KB (2)350KB (3)6.5MB (4)20MB。 (3)

解析 全彩照片每個像素(點)以3個位元組(byte)儲存。
(4 × 300) × (6 × 300) × 3 = 648000 Bytes

175. ( ) 下列何者是Linux的作業系統？ (4)
(1)Windows 8.1 (2)Windows Server 2012 (3)Windows 7 (4) Cent OS。

176. ( ) 在我們日常生活中所拍攝的黑白照片，其所採用的顏色是由黑到白間不同明亮度的顏色所組成。由黑到白間不同明亮度的顏色所組成的電腦影像圖檔屬於？ (3)
(1)全彩圖 (2)點陣圖 (3)灰階圖 (4)黑白圖。

177. ( ) 台灣地區的電視播放系統使用何種規格？ (1)
(1)NTSC (2)PAL (3)SECAM (4)MPEG。

解析 PAL及SECAM制兩者圖像頻率同為50Hz，NTSC(National Television System Committee)為60Hz。

178. ( ) Dreamweaver屬於哪一類軟體？ (1)網頁設計與編輯軟體 (2)影像處理與編輯軟體 (3)聲音與影像播放軟體 (4)簡報編輯與播放軟體。 (1)

179. ( ) 下列何者所開發之程式，需要虛擬機器(Virtual Machine)才能正常執行？ (2)
(1)C++ (2)Java (3)Assembly (4)COBOL。

解析 COBOL是早期商用程式語言。

180. ( ) 下列何者不屬於高階程式語言？ (3)
(1)C++ (2)Java (3)Assembly (4)C#。

解析 Assembly 組合語言是屬於低階程式語言，接近機器語言。

181. ( ) 下列何者不是音訊檔案格式？ (4)
(1)wav (2)mp3 (3)wma (4)cpp。

解析 Cpp 是屬於 C++的文件檔。

182. ( ) 下列關於「藍光光碟」的敘述，何者不正確？ (1)英文名稱是 Blu-ray Disc，簡稱 BD (2)可用於大量或高畫質影像的儲存 (3)因為使用藍色雷射光進行讀寫，因此稱為藍光光碟 (4)容量至少 8.5GB。 (4)

解析 藍光光碟機是使用藍色雷射光來讀取 CD、DVD、藍光光碟片上的資料。單層藍光光碟片的容量為 25GB，雙層的容量為 50GB。藍色雷射光的波長為 405 奈米比紅色雷射光的波光束細，能更精細地判讀光碟片上的資料，因此藍光光碟片較 CD、DVD 光碟片的儲存容量較大且資料密度較高。

183. ( ) 下列關於「萬國碼(Unicode)」的敘述，何者不正確？ (1)使用 32 位元來代表每個字母、數字或符號 (2)與 ASCII 編碼相容 (3)國際字元符號編碼標準之一 (4)可以容納無限多個字元符號。 (4)

解析 目前實際應用的統一碼版本對應於 UCS-2，使用 16 位元的編碼空間。也就是每個字佔用 2 個位元組。理論上最多可以表示 2^{16}(即 65536)個字元。

184. ( ) 下列何種設備具有「儲存指令以協助電腦啟動」的功能： (1)螢幕(Monitor) (2)中央處理器(CPU) (3)唯讀記憶體(ROM) (4)隨機存取記憶體(RAM)。 (3)

185. ( ) 赫茲(Hertz，Hz)是用來標示螢幕？ (1)大小 (2)解析度(Resolution) (3)可顯示色彩數目 (4)畫面更新率(Refresh Rate)的單位。 (4)

186. ( ) 「互動式軟體」的「互動」是指？ (1)電腦軟體與電腦軟體間的互動 (2)使用者與電腦軟體間的互動 (3)使用者與使用者間的互動 (4)電腦硬體與電腦軟體間的互動。 (2)

187. ( ) 下列關於「點陣圖」的敘述，何者不正確？ (1)與向量圖比較，需較多的記憶體容量 (2)放大縮小不會失真 (3)由一群像素點所組成 (4)可以是黑白圖，也可以是彩色圖。 (2)

188. ( ) 一個十進位固定點數表示法(Decimal Fixed-Point Representation)，總位數為 7、小數位為 3，下列哪一個數值無法以此法精確表示？
(1)12.345 (2)123.456 (3)1234.567 (4)12345.67。 (4)

189. ( ) 依照 IEEE 754 的浮點表示法標準,單倍精準數第一個位元是符號位元,接下來的 8 個位元則是指數部分的位元,最後 23 位元則是尾數部分(共 32 位元)。1640.625 以 IEEE 754 的浮點表示法應為: (2)
(1)00000101000000000001001101000101
(2)01000100110011010001010000000000
(3)11000100110011010001010000000000
(4)10000101000000000001001101000101。

IEEE 754 的浮點表示法標準的單倍精準數為 32 位元
$(1640.625)_{10} = (11001101000.101)_2 = 0\ |10001001|\ 10011010001010000000000$

190. ( ) 下列何者將網站與使用者的立場對調,讓使用者從資訊搜尋者變成資訊接受者,當網站有資訊更新時,會主動寄發最新資訊給使用者? (1)
(1)RSS (2)Blog (3)News (4)BBS。

191. ( ) P(x)的陳述(Statement)「$x=x^2$」,其定義域(Domain)是所有的整數,則下列邏輯何者不正確? (1)P(0)為真(True) (2)P(1)為真(True) (3)xP(x)為真(True),表示存在有一個 x 滿足 P(x)陳述 (4)xP(x)為真(True),表示所有的 x 滿足 P(x)陳述。 (4)

並非所有整數均能符合「$x=x^2$」陳述(Statement)。

192. ( ) 考慮下列邏輯假設:(a)假設今天下午我們去游泳,就表示天氣放晴。(b)假使今天下午我們沒去游泳,我們會去泛舟。(c)假使今天下午我們去泛舟,會在日落前回家。已知:「今天下午不是晴天,且比昨天下午還冷」,則我們無法確定的結論(Conclusion)是? (1)我們會去泛舟 (2)我們會在日落前回家 (3)我們會去游泳 (4)今天下午比昨天下午還冷。 (3)

首先認識邏輯敘述,「若 P 則 Q」的說法與「若(不是 Q)則一定(不是 P)」是相同的。所以這句話「假設今天下午我們去游泳,就表示天氣放晴。」,同樣也可以這樣敘述「假設今天下午不是晴天,就表示我們沒去游泳。」

已知「今天下午不是晴天,且比昨天下午還冷」,所以(a)「假設今天下午不是晴天,就表示我們沒去游泳。」,(b)「假使今天下午我們沒去游泳,我們會去泛舟。」成立,(c)「假使今天下午我們去泛舟,會在日落前回家。」成立。

193. ( ) 在 8 個位元的所有組合中,有幾種組合是「從 1 開始」或是「以 00 結尾」? (2)
(1)120 (2)160 (3)192 (4)200。

「從 1 開始」有 2^7 個,「以 00 結尾」有 2^6 個,兩者都有 2^5 個,
$2^7 + 2^6 - 2^5 = 128 + 64 - 32 = 160$

194. ( ) 某電腦系統定義「有效碼(Valid Codeword)」由 0 到 9 的數字所組成,其中必須包含偶數個 0。舉例來說,0204 是有效碼,而 0928 則是無效碼。下列何者不正確? (4)
(1)0-9 共有 9 個有效碼 (2)00-99 共有 82 個有效碼 (3)000-999 共有 756 個有效碼 (4)0000-9999 共有 7050 個有效碼。

注意：若都沒有出現0也是有效碼。

假設有n個位數，其中出現0有x個，x=0, 2, 4, 6, 8,...。

所以有效碼數量的計算公式為

$O_n(x)=C_x^n \times 9^{n-x}$, $C_x^n = n! \div (x! \times (n-x)!)$, $n!=n \times (n-1) \times (n-2) \times ... \times 2 \times 1$。

0000-9999有效位數計算式如下：

$O_4(0)+O_4(2)+O_4(4) = C_0^4 \times 9^{4-0} + C_2^4 \times 9^{4-2} + C_4^4 \times 9^{4-4} = 6561+486+1=7048$

000-999有效位數計算式如下：

$O_3(0)+O_3(2) = C_0^3 \times 9^{3-0} + C_2^3 \times 9^{3-2} = 729+27=756$

00-99有效位數計算式如下：

$O_2(0)+O_2(2) = C_0^2 \times 9^{2-0} + C_2^2 \times 9^{2-2} = 81+1=82$

195. (　) IPv4中Class A類別共擁有幾個可供實際配置的IP位址？ (1)
    (1)2,130,706,178　(2)16,777,214　(3)2,158,576,178　(4)12,316,214。

$(2^7-1) \times (256^3-2) = (2^7-1) \times (2^{24}-2) = (128-1) \times (16777216-2) = 2130706178$。

等級	開首	範圍	Net ID	Host ID	IP個數	Mask	私有IP網段(保留)
A	0	0.xx.xx.xx ~ 127.xx.xx.xx	127	16777214	2130706175	255.0.0.0	10.0.0.0
B	10	128.xx.xx.xx ~ 191.xx.xx.xx	16384	65534	1073709056	255.255.0.0	172.16.0.0 ~ 172.31.0.0
C	110	192.xx.xx.xx ~ 223.xx.xx.xx	2097152	254	532676608	255.255.255.0	192.168.0.0 ~ 192.168.255.0
D	1110	224.xx.xx.xx ~ 239.xx.xx.xx					
E	1111	240.xx.xx.xx ~ 255.xx.xx.xx					

196. (　) IPv4中Class B類別共擁有幾個可供實際配置的IP位址？ (3)
    (1)16384×65536　(2)16386×65536　(3)16384×65534　(4)16386×65534。

$2^{14} \times (256^2-2) = 2^{14} \times (2^{16}-2) = 16384 \times 65534$。

197. (　) 小明班上共有100位同學，下列何者保證正確？ (1)至少有五位同學是一月份生日　(2)至少有九位同學是同一個月份生日　(3)至少有兩位同學同一天生日　(4)不可能全班同學都是同一天生日。 (2)

若將100人以12人分成一組且每組成員出生月份都不相同,100÷12=8...4,至少到9組,其中8組有12個人,第9組有4個人。因此從這9組學生中,至少有9位同學同一個月份生日。

一年有365天,100位同學有可能都不同天出生,也有可能同一天出生,因此(3)及(4)選項均不成立。

198. ( ) 邏輯式(A+B)'可用下列哪個邏輯式取代？ (3)
(1)AB (2)A'+B (3)A'B' (4)B+A'。

解析 (A+B)'= A'B'

199. ( ) 1TB 的記憶容量等於多少 Bytes？ (4)
(1)2 的 50 次方 (2)2 的 20 次方 (3)2 的 30 次方 (4)2 的 40 次方。

解析

1 KB	1 MB	1 GB	1 TB
2^{10} Bytes	2^{20} Bytes	2^{30} Bytes	2^{40} Bytes

200. ( ) 十六進位數(AB)和(99)作 OR 運算後，其十六進位數之值為何？ (2)
(1)AB (2)BB (3)FB (4)BF。

解析 $(AB)_{16} + (99)_{16} = (10101011)_2 + (10011001)_2 = (1011\ 1011)_2 = (BB)_{16}$

201. ( ) 二進位數字「11100101」和「01010101」做 AND 運算後，其十六進位數之值為何？ (2)
(1)A5 (2)45 (3)F5 (4)55。

解析 $(11100101)_2 \cdot (01010101)_2 = (0100\ 0101)_2 = (45)_{16}$
(AND 運算口訣：都 1 才有 1)

202. ( ) 二進位數的「00111011」和「10100001」做 XOR 運算後，其十六進位數之值為何？ (1)
(1)9A (2)BF (3)30 (4)B7。

解析 $(00111011)_2 \oplus (10100001)_2 = 1001\ 1010 = (9A)_{16}$
(XOR 運算口訣：不同才有 1)

203. ( ) 假設電腦的主記憶體有 129KB，則記憶體位址暫存器(Memory Address Register) (1)
中有 (1)18 位元 (2)15 位元 (3)16 位元 (4)17 位元。

解析 N 位元的位址暫存器可以對應 2^NKB 的主記憶體
$128KB = 128 \times 2^{10} B = 2^7 \times 2^{10} B = 2^{17} B$，N=17
$256KB = 256 \times 2^{10} B = 2^8 \times 2^{10} B = 2^{18} B$，N=18
128KB < 129KB < 256KB，因此對應 129KB 主記憶體至少要 18 位元位址暫存器。

204. ( ) 若 CPU 可直接存取 1G Bytes 的記憶體，則最少需要幾條位址線？ (3)
(1)10 (2)20 (3)30 (4)40。

解析 2^{10}=1K、2^{20}=1M、2^{30}=1G，故需要 30 條位址線。

205. ( ) 英文字母「F」的 ASCII 值以十進位表示是 70，其在電腦內被儲存方式是？ (1)
(1)01000110 (2)01100010 (3)01001100 (4)10001010。

解析 $(01000110)_2 = 2^6+2^2+2^1 = 64+4+2 = 70$。

206. ( ) 「193.170.1.11」是屬於哪個 Class 的 IP？ (1)A (2)B (3)C (4)D。 (3)

207. ( ) 「十六進位數的 CF.4」換算成十進位數為何？ (1)
(1)207.25　(2)281.4　(3)193.25　(4)201.4。

> **解析** 12 × 16 + 14 + 4/16 = 207.25

208. ( ) 若以 19200bps 的傳輸速度傳送 6000 個 Big-5 碼中文字，則需花多少時間？ (1)
(1)5　(2)10　(3)0.3125　(4)0.625 秒。

> **解析** 每一個中文字是由兩個位元組(2 bytes)所組成。6000×(8×2)÷19200=5秒。

209. ( ) 下列四組專有名詞對照，何者錯誤？ (1)電子郵件：E-Mail　(2)區域網路：LAN (4)
(3)辦公室自動化：OA　(4)都會型網路：WIMAX。

> **解析** 都會型網路的簡寫 MAN(Metropolitan Area Networks, 簡稱 MAN)

210. ( ) 下列為布林代數的基本關係，何者錯誤？ (3)
(1)X+1=1　(2)X+X'=1　(3)(X+Y)'=X'Y+XY'　(4)(X')'=X。

> **解析** 迪摩根定律 (X+Y)'=X'Y'

211. ( ) 「十進位數之 0.875」以二進位數表示時應為何？ (3)
(1)0.11011　(2)0.0111　(3)0.111　(4)0.1101。

> **解析** $(0.875)_{10}=(0.111)_2$

212. ( ) 若採用奇同位(Odd Parity)檢查法傳輸資料，下列接收端所收到的各筆資料中，何 (4)
者會被判定在傳輸時有錯誤發生？
(1)11100011　(2)10011011　(3)10000110　(4)10101010。

> **解析** 採用奇同位(Odd Parity)檢查資料，若出現偶數個 1，判定資料錯誤。

213. ( ) 若有一大小為 800×600 之圖片，每個像素(pixel)以 3 個 Bytes 的全彩影像儲存於電 (4)
腦中，則此圖片約需佔用多少儲存空間？
(1)1.57MBytes　(2)1.17MBytes　(3)1.77MBytes　(4)1.37MBytes。

> **解析** 800 × 600 × 3 ÷ 1024 ÷ 1024 = 1.37M Bytes

214. ( ) 某公司由於辦公室分布在各個不同樓層，為方便管理起見，欲將內部電腦以 30 部 (3)
為單位分割成不同之子網域，試問其內部電腦最小網路遮罩應該設為？
(1)255.255.255.128 (2)255.255.255.192 (3)255.255.255.224 (4)255.255.255.248。

> **解析** 最接近的分割數為 32 部，因此 256-32=224。

215. ( ) 二進位資料 10010100101001.11110101 若以十六進位表示，下列何者正確？ (1)
(1)2529.F5　(2)94A1.5F　(3)94A1.F5　(4)2529.5F。

> **解析** 將原始資料以四個位元一組換算成 16 進位制。
> $(\boxed{0010}\,\boxed{0101}\,\boxed{0010}\,\boxed{1001}.\,\boxed{1111}\,\boxed{0101})_2=(2529.F5)_{16}$

216. ( ) 氣泡排序法(Bubble Sort)是利用相鄰資料兩兩相比而完成資料由小到大或由大到小排序,假設有六個整數資料要做排序,最少要做幾次相鄰資料相比較的工作? (1)10 (2)15 (3)20 (4)25。 (2)

解析：第一次兩兩相比最少 5 次,第二次兩兩相比最少 4 次,以此類推兩兩相比次數為 5,4,3,2,1,總次數為 15 次。

217. ( ) 目前所使用的 IPv6 的長度是多少 bits? (1)128 (2)64 (3)32 (4)256。 (1)

218. ( ) 有一個 Class C 網域,今欲切成 32 個子網路,則其網路遮罩應為? (1)255.255.255.0 (2)255.255.255.128 (3)255.255.255.192 (4)255.255.255.248。 (4)

解析：每一個子網路有 256÷32=8 部電腦,256-8=248,因此子網路遮罩為 255.255.255.248。

219. ( ) 假設 X=1001,Y=0101,則以下何者不正確? (1)Y+XY=0101 (2)XY'+Y=1101 (3)(X+Y)X'=0110 (4)X'Y+XY'=1100。 (3)

220. ( ) 已存在公式「$Y_{n+1}=(7Y_n+1) \mod 6$」,假設 $Y_0=3$,則以下何者不正確? (1)$Y_2=5$ (2)$Y_3=0$ (3)$Y_1=4$ (4)經此公式,Y_n 永遠不會等於 2。 (4)

解析：經計算 $Y_{0+1}=4$,$Y_{1+1}=5$,$Y_{2+1}=0$,$Y_{3+1}=1$,$Y_{4+1}=2$。

221. ( ) 在 8 個位元的所有組合中,有幾種組合是「從 1 開始」且「以 00 結尾」? (1)16 (2)32 (3)64 (4)128。 (2)

解析：「從 1 開始」有 2^7 個,「以 00 結尾」有 2^6 個,兩者都有 2^5 個 = 32 個。

222. ( ) 以下哪一個數字使用 IEEE 754 浮點表示法儲存時會有誤差? (1)0.5 (2)0.625 (3)0.815 (4)0.5625。 (3)

解析：
$(0.5)_{10}=(0.1)_2$
$(0.625)_{10}=(0.101)_2$
$(0.815)_{10}=(0.1101\overline{0000\ 1010\ 0011\ 1101\ 0111}\ ...)_2$ 無限循環小數。由於受限儲存位元有限,後面的位數會自動截去,使得儲存數值與原數值有差異。
$(0.5625)_{10}=(0.1001)_2$

223. ( ) 處理大數據(Big Data)會使用到資料計量單位 PB。1PB 約等於多少 GB? (1)1,000 (2)1,000,000 (3)1,000,000,000 (4)1,000,000,000,000。 (2)

解析：1PB = 10^3 TB = 10^6 GB

224. ( ) EB、PB、TB 及 ZB 是大數據經常使用的資料計量單位。這些計量單位之間的大小排列,下列何者正確? (1)ZB>EB>PB>TB (2)PB>EB>ZB>TB (3)ZB>TB>PB>EB (4)TB>EB>PB>ZB。 (1)

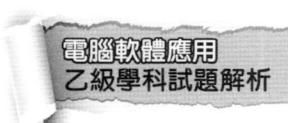

 電腦的資料計量單位有十進位及二進位等兩類，以十進位表達
1kB = 10^3 Bytes，1MB = 10^6 Bytes，1GB = 10^9 Bytes，
1TB = 10^12 Bytes，1PB = 10^15 Bytes，1EB = 10^18 Bytes，
1ZB = 10^21 Bytes，1YB = 10^24 Bytes。

若以二進位表達則 1kB = 2^10 Bytes，1MB = 2^20 Bytes，
1GB = 2^30 Bytes，1TB = 2^40 Bytes，1PB = 2^50 Bytes，
1EB = 2^60 Bytes，1ZB = 2^70 Bytes，1YB = 2^80 Bytes。

225. ( ) 大數據(Big Data)增長的挑戰和機遇有三個方向，合稱 3Vs。這三個方向為何？ (1)
(1)速度(velocity)、數量(volume)、多樣性(variety)
(2)多樣性(variety)、真實性(veracity)、可視性(visualization)
(3)可視性(visualization)、合法性(validity)、速度(velocity)
(4)數量(volume)、真實性(veracity)、合法性(validity)。

226. ( ) 從大數據(Big Data)的觀點來看，下列關於資料價值的敘述，何者正確？ (1)政府 (2)
公開的資料沒有價值 (2)臉書(Facebook)表情符號的點擊數是有價值 (3)資料擺
久一定不會貶值 (4)資料廢氣(Data Exhaust)沒有價值。

227. ( ) 在 Hadoop 的 MapReduce 工具中使用外部執行檔來建立及執行 Map-Reduce 工作， (2)
需要使用下列哪一種技術？
(1)Virtual Machine (2)Streaming (3)Pipeline (4)Filter。

228. ( ) 關於 Hadoop 運作的敘述，下列何者正確？ (1)Hadoop 的 NameNode 會將整個資 (4)
料，直接轉移到任意一個 DataNode 中 (2)如果資料檔案太大，Hadoop 就不會儲
存資料備份 (3)與關聯式資料庫相比，Hadoop 輸出的結果比較精準 (4)資料檔案
一旦建立，就不允許修改。

229. ( ) 有關 Apache Spark 的敘述，下列何者正確？ (1)Streaming 中的互動式命令列介面， (4)
可以降低橫向擴展資料探索的反應時間 (2)不支援 SQL (3)Python 對即時資料串
流的處理具有可擴充性及可容錯性等特點 (4)MLlib 是機器學習演算法和 Graphx
圖形處理演算法的高階函式庫。

 Apache Spark 的主要特色如下：
- 支援 Java、Scala、Python 和 R APIs。
- 可擴展至超過 8000 個結點。
- 能夠在記憶體內緩存資料集以進行交互式資料分析。
- Scala 或 Python 中的互動式命令列介面可降低橫向擴展資料探索的反應時間。
- Spark Streaming 對即時資料串流的處理具有可擴充性、高吞吐量、可容錯性等特點。
- Spark SQL 支援結構化和和關聯式查詢處理（SQL）。
- MLlib 機器學習演算法和 Graphx 圖形處理演算法的高階函式庫。

230. ( ) 存取大數據(Big Data)經常採用 NoSQL，下列何者是 NoSQL 的特點？ (1)採用非同步的複製　(2)只能使用結構化查詢語言　(3)資料表的模式須固定　(4)不能 Scale out 儲存容量。 (1)

解析 NoSQL 是對不同於傳統的關聯式資料庫的資料庫管理系統的統稱。兩者存在許多顯著的不同點，其中最重要的是 NoSQL 不使用結構化 SQL 作為查詢語言。其資料存儲可以不需要固定的表格模式，也經常會避免使用 SQL 的 JOIN 操作，一般有水平可延伸性的特徵。

其特色如下：

- 不需要預定義模式：不需事先定義數據模式，預定義表結構等。數據中每條記錄都可能有不同的屬性和格式。
- 無共享架構：NoSQL 往往將數據劃分後存儲在各個本地伺服器上，從而提高了系統的性能。
- 彈性可擴展：可以在系統運行的時候，動態增加或者刪除結點。不需要停機維護，數據可以自動遷移。
- 分區：NoSQL 資料庫將數據進行分區，將記錄分散在多個節點上面，並且通常分區的同時還要做複製；
- 非同步複製：NoSQL 中的複製，往往是基於日誌的非同步複製。這樣，數據就可以儘快地寫入一個節點，而不會出現網路傳輸遲延。
- BASE：相對於 ACID 特性，NoSQL 資料庫保證的是 BASE 特性(BASE 是最終一致性和軟事務)。

231. ( ) 有關 R 程式語言的敘述，下列何者正確？ (2)
(1)尚未開放程式原始碼　　　　(2)主要用於統計分析、資料探勘
(3)源自於 B 程式語言　　　　　(4)不具圖形使用者介面。

解析 R 程式語言源自 90 年代 S 程式語言的一個開源版本。R 語言環境可提供 GUI 的介面，如 JGR(Java Gui for R) 是一種以 Java 為基礎的 R 圖形化使用者介面。

232. ( ) 下列何者是大數據(Big Data)的分析技術？ (4)
(1)Encounter　(2)Angular 2　(3)Catia　(4)Data Mining。

解析
- Data Mining 資料挖礦，是大數據分析的重要技術之一。
- Angular 2 是大數據的框架工具之一。
- Catia 是一種電腦輔助設計軟體。

233. ( ) 大數據(Big Data)分析工具中，常用一些統計分析、繪圖軟體，以下何者屬於開放原始碼軟體？　(1)R　(2)SPSS　(3)SAS　(4)MINITAB。 (1)

解析 SPSS、SAS、MINITAB 是商用統計軟體。

234. ( ) Hadoop 是一個分散式系統架構，可提供高傳輸率來存取應用程式的數據，適合做為大數據分析，其中家族成員中，何者是專做分散式儲存系統？ (1)
(1)HDFS　(2)Hive　(3)Ambari　(4)MapReduce。

> **解析** Hadoop 2.0 家族成員和擴展元件，包括：管理工具 Ambari、分散式檔案系統 HDFS、分散式資源管理器 YARN、分散式平行處理 MapReduce、記憶體型計算架構 Spark、資料流程即時處理系統 Storm、分散式鎖服務 ZooKeeper、分散式資料庫 HBase、資料倉儲工具 Hive，以及 Pig、Oozie、Flume、Mahout 等。

235. ( ) 大數據(Big Data)分析大多分為兩階段分析，第一階段為全數據分析，提取指標數據，第二階段將提取指標數據進行測試、優化、建模、分析。下列哪項工具適合使用在第一階段？
    (1)Hadoop　(2)R　(3)Python　(4)Mathlab。　　(1)

236. ( ) 大數據分析工具 Hadoop 之資料處理採用映射歸納(Map/Reduce)方式，以下何者是屬於映射(Mapping)工作？ (1)將所有資料集中做計算 (2)把工作分散到各節點 (3)把各節點運算結果收回來歸納整合 (4)各節點獨立運算。　　(2)

237. ( ) 下列何者為大數據分析工具 Hadoop 中類似 SQL 的查詢工具？
    (1)Pig　(2)Hive　(3)HBase　(4)Mahout。　　(2)

> **解析**
> (1)Pig：一種資料流語言工具平台，用以檢索大型數據庫。
> (2)Hive：一個分散式倉儲工具，負責管理 HDFS 中數據，支援以 SQL 的查詢語言進行查詢。
> (3)HBase：一個分散式資料庫，以 HDFS 作為底層存儲，支援 MapReduce 的批次計算和隨機查詢。
> (4)Mahout：機器學習工具平台。

238. ( ) 大數據分析工具 Spark 框架之重要特色為所有的運算都在記憶體中執行，這樣的技術稱為？
    (1)Build-In Computing　　　　(2)Ubiquitous Computing
    (3)Distributed Computing　　　(4)In-Memory Computing。　　(4)

> **解析** Apache Spark 是一個開源的叢集運算框架，採用了記憶體內運算技術（In-memory）。

239. ( ) 大數據分析工具 Spark 框架的核心將資料抽象化成資料集，以直接在多台機器的記憶體處理資料，這樣的資料集稱為？
    (1)Distributed In-Memory Dataset　(2)In-Memory Distributed Dataset
    (3)Resilient Distributed Dataset　(4)In-Memory Dataset。　　(3)

> **解析** Spark 的核心是 RDD(Resilient Distributed Dataset)彈性分散式資料集，是由 AMPLab 實驗室所提出的概念，屬於一種分散式的記憶體。Spark 主要優勢是 RDD 能與其他系統相容，可以匯入外部儲存系統的資料集，例如：HDFS、HBase 或其他 Hadoop 資料來源。

240. ( ) 大數據(Big Data)分析的數據多屬於非結構化全數據(Raw Data)，因此大多採用 NoSQL 工具。下列何者是 NoSQL 工具？
    (1)BigTable　(2)Sybase　(3)MariaDB　(4)Access。　　(1)

> **解析** NoSQL 資料庫是指非關聯式資料庫，且可使用多種資料模型，包含文件、圖形、鍵值和欄位。NoSQL 資料庫的水平擴展資料模型具有易於開發、可擴展的效能、高可用性及恢復能力等特點。常見 NoSQL 工具有 BigTable 與 HBase。

241. ( )　大數據(Big Data)分析的數據多屬於非結構化全數據(Raw Data)，很難做到大量資料 Schema 的規劃及異動資料庫的擴展，因此大多採用 NoSQL 工具。NoSQL 工具使用哪一種模式來解決這樣的問題？　(2)
(1)Row Based　(2)Key-Value　(3)Column Based　(4)Multi-Level Fields。

242. ( )　MIT App Inventor 2.0 中，List 的第一個元素的索引值(index)為何？　(3)
(1)-1　(2)0　(3)1　(4)可以自行指定。

243. ( )　SQL Server 2014 中，何種資料型別支援地理資料的儲存？　(4)
(1)varbinary　(2)varchar　(3)float　(4)geography。

> 解析
> (1)Varbinary：可變長度的二進位資料。
> (2)varchar：可變長度的非 Unicode 字串資料。
> (3)float：浮點數資料。
> (4)geography：地理資料。

244. ( )　SQL Server 2014 中，下列哪個方法可以判斷兩個 geography 型別的圖資之間是否具有交集？　(1)
(1)STIntersects　(2)STUnion　(3)STIsEmpty　(4)STIsValid。

> 解析
> (1)STIntersects：判斷兩個 geography 型別的圖資之間是否具有交集。
> (2)STUnion：執行兩個 geography 型別的圖資的聯集。
> (3)STIsEmpty：判斷 geography 型別的圖資是否為空集。
> (4)STIsValid：判斷 geography 型別的圖資格式是否正確。

245. ( )　透過 JavaScript 程式的撰寫，可以在 HTML5 的哪一種標籤上繪製一個指定圓心和半徑的圓形？　(1)
(1)＜canvas＞　(2)＜img＞　(3)＜div＞　(4)＜span＞。

> 解析
> (1)＜canvas＞：HTML 文件的內嵌元素(element)，用來繪製圖形或製作動畫。
> (2)＜img＞：HTM 文件的內嵌元素(element)，用來放置圖片檔案。
> (3)＜div＞：HTML 文件的群組元素(element)，用來組織文字或其他元素。
> (4)＜span＞：HTML 文件的文字階層元素 (element)，用來組織文字或對特定文字設定樣式。

246. ( )　在智慧裝置開發 Web-Based Apps 時，使用下列哪一個 HTML5 標籤，可以讓網頁的版面配置隨著裝置的螢幕大小及功能來做變動？　(1)
(1)＜meta name="viewport"＞　(2)＜meta name="description"＞
(3)＜meta name="keywords"＞　(4)＜meta name="author"＞。

> 解析
> - ＜meta name="description"＞用來寫網頁的簡短描述。
> - ＜meta name="keywords"＞用來放置網頁關鍵字。
> - ＜meta name="author"＞記錄網頁的作者名稱
> - ＜meta name=" viewport "＞使網頁的版面配置隨著裝置的螢幕大小及功能來做變動。

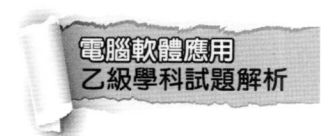

247. ( ) Android APIs 中，下列哪一個套件提供相機裝置的操控介面？ (1)
(1)android.hardware.camera2　　(2)android.camera2
(3)android.app.hardware.camera2　(4)android.app.camera2。

248. ( ) Google APIs for Android 中，下列哪一個套件提供高精確度及低功耗的智慧裝置定位介面？ (1)
(1)com.google.android.gms.location　(2)com.android.gms.location
(3)android.location　　(4)android.hardware.location。

249. ( ) 對於社群媒體及網路輿情分析，下列那一項是延伸的分析項目？　(1)庫存資料　(2)產品組合資料　(3)結合企業外部社群和新聞資料　(4)公司會計進出貨資料。 (3)

> 解析：庫存資料、產品組合資料、公司會計進出貨資料屬 ERP 企業資源規劃資料項目。

250. ( ) 下列哪一項技術可以應用於電子支付感應？　(1)全球定位系統(GPS)　(2)磁條感應　(3)磁帶讀取感應　(4)無線射頻識別(RFID)。 (4)

251. ( ) 下列何者以語意網為核心技術？ (3)
(1)Web 1.0　(2)Web 2.0　(3)Web 3.0　(4)Web 4.0。

252. ( ) 下列何者是第三方支付工具？ (4)
(1)悠遊卡　(2)Apple Pay　(3)Google Wallet　(4)Paypal。

> 解析：悠遊卡、Apple Pay、Google Wallet 屬電子錢包。

253. ( ) 下列何者屬於智慧穿戴式裝置？ (2)
(1)手機　(2)智慧衣　(3)自動駕駛車　(4)悠遊卡。

254. ( ) 下列哪一項是無人駕駛車最需要的配備？ (4)
(1)車內娛樂設備　(2)駕駛使用的方向盤　(3)後照鏡子　(4)電子導航地圖。

255. ( ) 在智慧校園應用中，下列哪一個是最需要使用的行動裝置？ (1)
(1)智慧型手機　(2)桌上型電腦　(3)大容量儲存設備　(4)伺服器主機。

256. ( ) 無所不在的 4.0 智慧生活(例如：銀行 4.0、零售 4.0 等)需要下列哪一項資料傳輸技術來搭配使用？ (1)
(1)無線網路存取技術　(2)ATM 提款機　(3)傳真機　(4)電傳打字機。

257. ( ) 開發 Fintech 智慧科技應用，主要分析資料來源為下列哪一項？　(1)上游供應商進料資料　(2)銀行存款資料　(3)製造現場的機器設備狀態紀錄　(4)傳送與接收的私人電子郵件。 (2)

> 解析：Fintech 是 Financial Technology 的縮寫，即所謂金融科技。一群企業運用科技手段使得金融服務變得更有效率，因而形成的一種經濟產業。

258. ( ) 在物聯網的概念中，下列何者屬於網路層的技術？ (3)
(1)遠端醫療　(2)智能電網　(3)雲端運算技術　(4)射頻辨識標籤。

解析 物聯網架構主要可以分為三層(由下而上)：感知層、感知層、應用層。
- 感知層：針對不同的場景進行感知與監控，利用感測器(Sensor)將擷取到的信號透過 TCP/IP、RS485、RS232、USB、RFID、ZigBee、Bluetooth 等傳輸協定轉送給網路層。最關鍵的技術有感測技術及辨識技術。前者例如三軸加速度感測器、壓力感測器、超音波感測器等各類感測器。後者如 RFID、條碼等。
- 網路層：將感知層收集到的資料傳輸至雲端，或者直接採取適當的動作，或提供雲端服務。網路層關鍵技術有網內外之通訊技術、資料互通性、雲端處理技術。
- 應用層：根據不同的需求開發出相應的應用軟體，將網路層收集到的資訊做後製處理。

259. ( ) 下列何者為感知層的感測元件？ (1)
(1)三軸加速器 (2)IEEE 802.11 (3)Intel 8051 (4)智慧門票。

260. ( ) 感測器(Sensor)在物聯網三層級中主要發揮的功能為下列何者？ (3)
(1)偵測通訊情況，確保訊息傳遞無誤 (2)偵測物聯網機房情況，確保系統正常運作 (3)偵測物體所處環境各項資訊，結合網路實現感知層 (4)蒐集各項資訊，建構物理模型實現應用層。

261. ( ) 關於智慧電網，下列敘述何者正確？ (1)智慧電網可利用資通訊技術收集供應端與使用端的電力供應狀況，但無法達到節約能源、降低損耗為目的 (2)智慧電網包含一個智慧型電表基礎建設(AMI)，僅能紀錄系統部分電能的流動 (3)智慧電網可改善現有輸電網路的效能，且能整合風能、太陽能等新能源 (4)智慧電網之目的是回歸人工監測，以降低機具故障之風險。 (3)

解析 智慧電網經由網路系統提供電力的生產、分配之智慧終端設備。

262. ( ) 關於智慧社區系統，下列敘述何者正確？ (1)智慧社區系統，已包含地價、房價等交易資訊 (2)管委會及各住戶可以透過智慧社區系統，確實掌握各戶人員進出情形 (3)智慧社區系統可以透過智慧物件的資訊交換及互動，將不必要的電燈關閉，以節省不必要的浪費 (4)智慧社區系統可以取代社區守衛。 (3)

263. ( ) 下列何者是現階段智慧型手機在近場通訊(Near Field Communication，NFC)的主要應用？ (1)在行動支付可縮短交易時間 (2)在交通運輸過程，可搜尋目的地的確切位置 (3)在規劃交通路徑，縮短行車時間 (4)可知餐廳食材之產品履歷，提昇食品安全。 (1)

解析 近場通訊(Near Field Communication，NFC)由飛利浦(Philips)及索尼(Sony)所制定的短距離通訊技術。具三種應用模式卡模式、點對點模式、讀取器模式。

264. ( ) 藍芽 4.0 可達成的有效傳輸距離為下列何者？ (1)
(1)200 英呎 (2)300 英呎 (3)400 英呎 (4)500 英呎。

265. ( ) IBM 提出下列何種概念，可視為物聯網的雛型？ (4)
(1)感知城市 (2)感知地球 (3)智慧城市 (4)智慧地球。

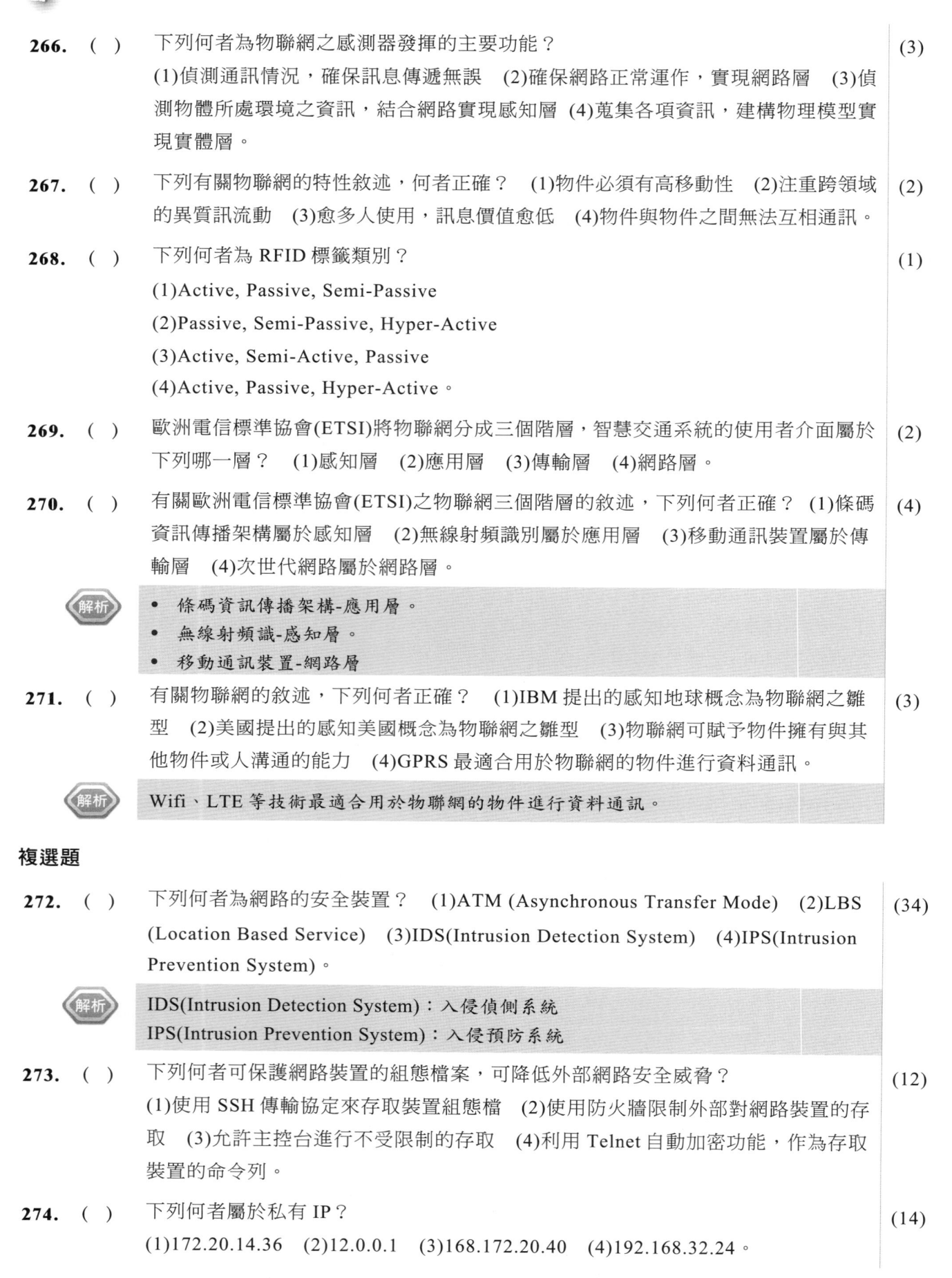

266. ( ) 下列何者為物聯網之感測器發揮的主要功能？ (1)偵測通訊情況，確保訊息傳遞無誤 (2)確保網路正常運作，實現網路層 (3)偵測物體所處環境之資訊，結合網路實現感知層 (4)蒐集各項資訊，建構物理模型實現實體層。 (3)

267. ( ) 下列有關物聯網的特性敘述，何者正確？ (1)物件必須有高移動性 (2)注重跨領域的異質訊流動 (3)愈多人使用，訊息價值愈低 (4)物件與物件之間無法互相通訊。 (2)

268. ( ) 下列何者為 RFID 標籤類別？ (1)
(1)Active, Passive, Semi-Passive
(2)Passive, Semi-Passive, Hyper-Active
(3)Active, Semi-Active, Passive
(4)Active, Passive, Hyper-Active。

269. ( ) 歐洲電信標準協會(ETSI)將物聯網分成三個階層，智慧交通系統的使用者介面屬於下列哪一層？ (1)感知層 (2)應用層 (3)傳輸層 (4)網路層。 (2)

270. ( ) 有關歐洲電信標準協會(ETSI)之物聯網三個階層的敘述，下列何者正確？ (1)條碼資訊傳播架構屬於感知層 (2)無線射頻識別屬於應用層 (3)移動通訊裝置屬於傳輸層 (4)次世代網路屬於網路層。 (4)

解析
- 條碼資訊傳播架構-應用層。
- 無線射頻識-感知層。
- 移動通訊裝置-網路層。

271. ( ) 有關物聯網的敘述，下列何者正確？ (1)IBM 提出的感知地球概念為物聯網之雛型 (2)美國提出的感知美國概念為物聯網之雛型 (3)物聯網可賦予物件擁有與其他物件或人溝通的能力 (4)GPRS 最適合用於物聯網的物件進行資料通訊。 (3)

解析 Wifi、LTE 等技術最適合用於物聯網的物件進行資料通訊。

複選題

272. ( ) 下列何者為網路的安全裝置？ (1)ATM (Asynchronous Transfer Mode) (2)LBS (Location Based Service) (3)IDS(Intrusion Detection System) (4)IPS(Intrusion Prevention System)。 (34)

解析
IDS(Intrusion Detection System)：入侵偵測系統
IPS(Intrusion Prevention System)：入侵預防系統

273. ( ) 下列何者可保護網路裝置的組態檔案，可降低外部網路安全威脅？ (1)使用 SSH 傳輸協定來存取裝置組態檔 (2)使用防火牆限制外部對網路裝置的存取 (3)允許主控台進行不受限制的存取 (4)利用 Telnet 自動加密功能，作為存取裝置的命令列。 (12)

274. ( ) 下列何者屬於私有 IP？ (1)172.20.14.36 (2)12.0.0.1 (3)168.172.20.40 (4)192.168.32.24。 (14)

解析

等級	私有 IP 網段(保留)
A	10.0.0.0
B	172.16.0.0 ~172.31.0.0
C	192.168.0.0 ~192.168.255.0

275. ( ) 下列通訊協定哪些屬於 OSI 模型的應用層？ (123)
(1)TFTP (2)Telnet (3)FTP (4)TCP。

解析 OSI(Open System Interconnection)開放系統互連架構：

層次	名稱	功能	應用
第7層	應用層	檔案傳輸	FTP、電子郵件、Telnet、TFTP(簡易檔案傳輸協定)
第6層	表達層	把資料轉換為用戶能理解的形式	加密、字元轉換
第5層	會話層	負責通訊兩點的會談	全、半雙工
第4層	傳輸層	確保封包能按照順序送達接收端	TCP
第3層	網路層	安排資料傳輸路徑	IP
第2層	資料連結層	設定實體通訊線路，確保框架正確傳送	MAC
第1層	實體層	負責實際線路資料傳送	ethernet

276. ( ) 有關 ICMP 封包敘述，下列何者正確？ (34)
(1)ICMP 保證資料封包能確實送達
(2)ICMP 封裝在 UDP 資料封包內
(3)ICMP 提供網路問題的資訊給主機
(4)ICMP 封裝在 IP 資料封包內。

解析 ICMP 的全稱是 Internet Control Message Protocol，專門處理網路的錯誤偵測與回報機制，檢測網路的連線狀況，也能確保連線的準確性。ICMP 協定與 IP 協定為網路層協定，但 ICMP 不具備傳送能力的，須經由 IP 協助進行傳送 ICMP 封包進行錯誤偵測與回報。ICMP 封包結構如下：

IP 表頭	ICMP 表頭	ICMP 資訊

277. ( ) 下列服務，何者使用 TCP 協定來傳送？ (12)
(1)SMTP (2)FTP (3)SNMP (4)TFTP。

解析 HTTP、FTP、SMTP 使用 TCP 協定來傳送。

278. ( ) 下列服務，何者使用 UDP 協定來傳送？ (12)
(1)DHCP (2)TFTP (3)HTTP (4)FTP。

解析　DHCP、SNMP、TFTP 使用 UDP 協定傳送。

279. ( ) IEEE 乙太網路的訊框標頭中包含哪些欄位？ (1)FCS 欄位　(2)來源與目的 MAC (14)
及 IP 位址　(3)來源與目的 IP 位址　(4)來源與目的 MAC 位址。

解析　乙太網路協定屬資料鏈路層，負責組成訊框(Frame)的格式，再藉由實體層送出資料，訊框組成格式，包含目的地、來源地、資料內容等。TCP/IP 網路通訊協定，就是使用乙太網路訊框格式結構如下：

| Preamble/SFD | Destination Address | Source Address | Type | Data | FCS |

- Preamble/SFD 由 7 個位元組的 1 與 0 交替的信號組成作為傳送與收發端間的同步，最後一個 Byte 內容是 10101011，稱為 SFD(Start of Frame Delimiter)，作為起始信號的結束。
- Destination Address/Source Address 每一個乙太網路設備都有一組唯一的 MAC 位址。MAC 位址是由 6 個位元組組成，前面 3 個位元組代表廠商識別碼，後面三個位元組則是流水號，因此一個廠商識別碼可以使用多達二的 24 次方的流水號，通常 MAC 位址會以標籤形式貼在網路設備上。Destination Address 的六個位元組當中的最低有效位元 LSB(Least Significant Bit)，若為 0 表示該位址將是唯一，若為 1 該位址代表群組位址。
- Type 表示資料欄(Data)中所使用上層的通訊協定之代碼，如 TCP/IP 使用 0x0800H、IPX 使用 0x8137H、XNS 使用 0x0600H。
- Data 資料欄包含要傳送的訊框資料，由於偵測碰撞信號的需要，傳送乙太網路訊框長度至少需 64Bytes，扣除表頭(Header)及 FCS 剩下 46Bytes，此 46Bytes 是最小需求。
- FCS(Frame Check Sequence)最後 4 個位元組使用 CRC 方式檢測整個訊框的正確性。

280. ( ) 乙太網路在發生碰撞後如何才能再傳送？ (23)
(1)偵測到碰撞的工作站有最高優先權重送遺失的資料　(2)所有工作站會執行一個隨機的 Backoff 演算法，待 Backoff 的延遲時段終了後，所有工作站均有相等的優先權來傳送資料　(3)在 CSMA/CD 的碰撞網域中，工作站須待媒介沒在使用時才能傳送資料　(4)所有工作站會執行一致的 Backoff 演算法，然後彼此協調後才能傳送資料。

281. ( ) 下列何者為路由器的功能？ (124)
(1)交換封包　(2)過濾封包　(3)轉送廣播封包　(4)選擇路徑。

解析　路由器主要是過濾、交換封包及路徑安排，不提供廣播封包轉傳到其他網域。

282. ( ) 當防火牆日誌檔顯示有人嘗試攻擊網路時，下列何者不是阻擋 DoS 攻擊的方法？ (123)
(1)增加更多路由器　(2)設定 Naggle　(3)使用 Auto Secure 命令　(4)建置 IDPS(Intrusion Detection and Prevention Systems)。

解析 IDPS(Intrusion Detection and Prevention Systems)分為 IDS 入侵偵測及 IPS 入侵預防兩個系統。經由這兩套系統用以保護系統，阻擋 DoS 攻擊。
- Naggle 管理封包發送的數量。
- Auto Secure 路由器安全控制設定，如流量等。

283. ( ) 以橋接器或交換器來分割網路，將產生下列何種結果？ (1)增加網域內的廣播主機數目 (2)減少封包碰撞的機率 (3)增加網域的數目 (4)產生較小的網域。 (234)

解析 可以限制廣播主機在同一網域內。

284. ( ) 交換器在轉送訊框到目的地之前先予以儲存再轉送(Store and Forward)，對於網路效能有何影響？ (1)減少延遲 (2)增加延遲 (3)可濾掉所有的訊框錯誤 (4)增加交換器的運作速度。 (23)

解析 「先儲存再發送」(Store and Forward)的方式，當資料傳送到每一節點時，還會進行錯誤檢查，傳輸錯誤率低。缺點是傳送速度也慢，需要較大空間來存放等待的資料，另外即時性較低，重新傳送機率高，增加延遲較不適用於大型網路。

285. ( ) 第二層乙太網路交換器比集線器優越的地方在於？ (1)根據 MAC 位址來過濾訊框 (2)允許同時的訊框傳輸 (3)減少碰撞封包的數目 (4)減少廣播網域的規模。 (124)

解析 集線器是將封包廣播方式轉傳，而交換器具有過濾封包的功能。

286. ( ) 即時通訊軟體的功能包含哪些？ (1)文字通訊 (2)檔案傳送 (3)語音對談 (4)視訊交流。 (1234)

解析 如 LINE, Skype, WeChat 等，除提供上述功能，另外有貼圖、購物、遊戲等。

287. ( ) 下列何者為影片檔之副檔名？ (1).wma (2).wmf (3).wmv (4).rm。 (34)

解析 .wma 音樂檔格式、.wmf 圖形檔格式。

288. ( ) 下列何者為圖形檔之副檔名？ (1).tif (2).ai (3).pdf (4).raw。 (124)

解析 .pdf 是 Portable Document Format(可攜式檔案格式)，由 Adobe Systems 發展文件檔案交換格式。
.ai 是 Adobe 所推出的一套繪圖軟體 Illustrator 的專屬向量檔。
.raw 數位相機的影像感測元件上的原始影像檔案格式。
.tif 是一種 48 位元全彩非破壞的影像圖形檔案格式。

289. ( ) 下列有關 IE9 之使用敘述，何者正確？ (1)不想讓小孩上網看到性或暴力的網站，可使用「工具/網際網路選項/安全性」功能來設定 (2)要變更瀏覽歷程紀錄的保存天數，可在「工具/管理附加元件」中設定 (3)可在「工具/網際網路選項/內容」中查看安裝過的憑證 (4)利用匯出精靈將「我的最愛」匯出成為 HTML 格式之檔案。 (34)

解析 IE 瀏覽器若不想讓小孩上網看到性或暴力的網站，可使用「工具/網際網路選項/內容/家長監護服務」功能來設定。
IE 瀏覽器變更瀏覽歷程紀錄的保存天數，可在「工具/網際網路選項/一般/瀏覽歷程記錄/設定/歷程記錄」中設定。

290. ( ) 有關網路網址敘述，下列何者正確？ (1)DHCP 伺服器可讓多台電腦共用有限的 Public IP (2)一台主機可以擁有多個網域名稱(Domain Name) (3)理論上，IPv6 位址可容許的位址個數是 IPv4 位址的 2^{96} 倍 (4)在 Windows 7 之命令提示字元視窗中輸入 ipconfig 可檢視電腦的 IP 位址。 (1234)

291. ( ) 有關 SATA 與 IDE 的比較，下列何者正確？ (1)SATA 硬碟屬於序列介面，但 IDE 不是 (2)e-SATA 硬碟支援熱插拔但 IDE 不支援 (3)SATA 硬碟轉速優於 IDE 硬碟，故傳輸速率較高 (4)SATA 硬碟排線較 IDE 硬碟為細。 (124)

解析 IDE 屬於平行介面。SATA 硬碟轉速與 IDE 硬碟一樣。

292. ( ) 下列敘述何者正確？ (23)
(1)資訊展 DM 上寫「CPU 2.5GHz，2GB DDR3」，意指此 CPU 時脈週期為 0.5ns
(2)最新的 BIOS ROM 允許資料複寫
(3)SSD 硬碟是採用 Flash Memory 製作
(4)藍芽(Bluetooth)建構於 IEEE 802.11 無線區域網路技術標準。

解析 藍牙(Bluetooth)建構於 IEEE 802.15 無線區域網路技術標準。

293. ( ) 下列何種網頁程式於伺服器端執行？ (1)PHP (2)Active Server Page (3)Dynamic HTML (4)Commom Gateway Interface。 (124)

解析 網頁程式於伺服器端執行有 PHP、Active Server Page、Common Gateway Interface(CGI)、JSP 等。

294. ( ) 下列何種網頁程式於用戶端執行？ (134)
(1)VBScript (2)JSP (3)Java Applet (4)JavaScript。

解析 網頁程式於用戶端執行 Dynamic HTML、VBScript、Java Applet、JavaScript。

295. ( ) CPU 運作的機器週期(Machine Cycle)中，包含下列哪些步驟？ (134)
(1)擷取(Fetch) (2)編碼(Encode) (3)解碼(Decode) (4)執行(Execute)。

解析 機器週期＝擷取＋解碼＋執行。

296. ( ) 下列哪些記憶體的存取速度比硬碟快？ (24)
(1)隨身碟 (2)快取記憶體 (3)光碟 (4)暫存器。

解析 暫存器＞快取記憶體＞硬碟＞隨身碟＞光碟

297. ( ) 電腦硬體結構可分為五大單元，下列哪些敘述正確？ (13)
(1)算術邏輯單元負責 AND、OR、NOT 運算 (2)記憶單元負責協調電腦各單元的運作 (3)滑鼠屬於輸入單元 (4)鍵盤屬於控制單元。

解析 控制單元負責協調電腦各單元的運作。鍵盤屬於輸入單元。

298. ( ) 有關光纖的敘述，下列哪些正確？ (1)只能傳送數位信號 (2)可使用的頻寬比同軸電纜高 (3)由銅線所組成，不受電磁干擾 (4)傳輸速率比雙絞線高。 (24)

解析 光纖傳送類比信號，由玻璃所組成，不受電磁干擾。

299. ( ) DVD 的相關產品中，下列哪些可以重複讀寫？ (123)
(1)DVD-RAM (2)DVD-RW (3)DVD+RW (4)DVD-ROM。

解析 ROM 表示無法寫入。±RW 表示使用可抹除光碟來重覆寫入資料。

300. ( ) 有關 RAM 的敘述，下列哪些正確？ (1)又稱為非揮發性記憶體 (2)速度比 ROM 慢 (3)可分為 SRAM 與 DRAM 兩種 (4)電源關閉後資料會消失。 (34)

解析 RAM 稱為揮發性記憶體，電源關閉後資料會消失。

301. ( ) 有關通訊媒體的敘述，下列哪些正確？ (12)
(1)Wi-Fi 是以 802.11x 協定進行無線傳輸
(2)紅外線是以直線傳輸的方式傳送資料
(3)微波(Microwave)在傳送資料時，可以隨著地表曲線而彎曲進行
(4)微波(Microwave)是以藍牙技術(Bluetooth)進行無線傳輸。

解析 無線微波傳輸類似光線直線傳輸，是一種視距範圍內的接力傳輸。微波的波長很短，因此它不能沿著地球表面傳輸，因為地面很快就把它吸收掉了；它也不能經由電離層反射傳輸到地面很遠的地方，因為它能夠穿過電離層逸入太空。由於地球表面是一個曲面，所以微波只能在視距範圍內作直線傳輸，因此兩個微波站之間的傳輸距離不能很遠，建議在 70km 左右訊號較穩定。

302. ( ) 有關網路傳輸設備的敘述，下列哪些正確？ (1)集線器(Hub)可連接多個網路節點 (2)中繼器(Repeater)主要用於連接兩個區域網路 (3)路由器(Router)可連接多個網路 (4)防火牆(Firewall)主要是用於增強傳輸訊號，延伸訊號的傳輸距離。 (13)

解析
- 中繼器(Repeater)主要是用於增強傳輸訊號，延伸訊號的傳輸距離。
- 橋接器(Bridge)主要用於連接兩個相同類型區域網路。
- 閘道器(Gateway)主要連接多個網路節點，可進行協定轉換的工作。
- 集線器(Hub)是星狀拓樸常用的網路設備，傳送資料時會將資料傳送到其連接的所有電腦，因此容易造成資訊碰撞發生。
- 路由器(Router)可連接多個網路。

303. ( ) 有關暫存器(Register)的敘述，下列哪些正確？ (1)暫存器是 CPU 暫存資料的地方 (2)CPU 對暫存器的存取速度比主記憶體慢 (3)暫存器的容量是無限的 (4)CPU 內有多種暫存器，各有其不同的功能。 (14)

解析 為了提高 CPU 的執行速度與效率，在 CPU 內部也有記憶體存在，稱之為暫存器。暫存器在 CPU 中其存取速度比在外部的主記憶體快，暫存器數量有限。種類如下：
(1) PC(程式計數器)：存放正要執行的運算碼的位址。
(2) IR(指令暫存器)：存放正要執行的運算碼。
(3) F(旗標暫存器)：存放 ALU 運算的狀態。
(4) 一般暫存器：存放 ALU 運算的中間結果，如 AX，BX，CX，DX 等。
(5) SP(堆疊指標)：為一種後進先出、線性的資料結構，常應用在副程式呼叫及中斷處理。
(6) MAR(記憶體位址暫存器)：到主記憶體中存取資料，必須先將位址存到 MAR 中。
(7) MBR(記憶體緩衝暫存器)：到主記憶體中 I/O 的資料暫時放到 MBR 中。
(8) MDR(記憶資料暫存器)：儲存機器碼指令的位址。

304. ( ) 下列哪些是電腦使用的匯流排？ (234)
(1)運算匯流排　(2)資料匯流排　(3)位址匯流排　(4)控制匯流排。

解析　電腦使用的匯流排主要有資料匯流排、位址匯流排、控制匯流排三類。

305. ( ) 下列哪些是屬於電腦的輸出設備？ (23)
(1)掃瞄器　(2)螢幕　(3)印表機　(4)光筆。

解析　掃瞄器、光筆屬輸入設備。

306. ( ) 下列哪些十進位轉二進位的結果為正確？ (12)
(1)$(48.625)_{10} = (110000.101)_2$　(2)$(6.75)_{10} = (110.11)_2$
(3)$(7.5)_{10} = (1110.010)_2$　(4)$(5.75)_{10} = (101.011)_2$。

解析　原題之數字表示法仍有疑議。
$(7.5)_{10} = (111.1)_2$、$(5.75)_{10} = (101.11)_2$

307. ( ) 下列哪些屬於無線傳輸？ (13)
(1)紅外線　(2)光纖　(3)微波　(4)雙絞線。

308. ( ) 中央處理單元(CPU)中包含下列哪些項目？ (1234)
(1)暫存器　(2)控制單元　(3)算術邏輯單元　(4)快取記憶體。

309. ( ) 有關硬碟的儲存容量大小，下列哪些相同？ (134)
(1)0.5TB　(2)512PB　(3)512GB　(4)512×1024×1024 KB。

解析　電腦的最小單位為 Bit (位元)，以下是所有數量單位的說明與其英文全名：
- 1 Byte = 8 Bits
- 1 Kilo-Byte (KB) = 1024 Bytes ($1024 = 2^{10}$)
- 1 Mega-Byte (MB) = 1024 KB
- 1 Giga-Byte (GB) = 1024 MB
- 1 Tera-Byte (TB) = 1024 GB
- 1 Peta-Byte (PB) = 1024 TB
- 1 Exa-Byte (EB) = 1024 PB
- 1 Zetta-Byte (ZB) = 1024 EB
- 1 Yotta-Byte (YB) = 1024 ZB

0.5TB = 512GB = 512×1024 MB = 512×1024×1024 KB
512PB = 0.5 EB

310. ( ) 有關 Modem 的功能敘述，下列哪些正確？ (1)它是調變解調器　(2)可將數位信號轉為類比信號　(3)可將類比信號轉為數位信號　(4)可透過網路平行式傳送資料到遠端的電腦。 (123)

解析　Modem 透過網路串列式傳送資料到遠端的電腦。

311. ( ) 硬碟的存取時間(Access Time)包含下列哪些？ (234)
(1)讀取時間(Read Time)　(2)旋轉時間(Rotation Time)
(3)資料傳輸時間(Data Transfer Time)　(4)搜尋時間(Seek Time)。

解析 存取時間(Access Time)=旋轉時間(Rotation Time)+搜尋時間(Seek Time)+資料傳輸時間(Data Transfer Time)

312. ( ) 有關硬碟的敘述，下列哪些正確？ (1)磁軌是硬碟儲存資料的最小單位 (2)每個磁碟只有一個磁面 (3)硬碟是透過讀寫頭來讀取磁碟上的資料 (4)SATA 介面硬碟較 IDE 介面硬碟的傳輸速度快。 (34)

解析 磁區(sector)是硬碟儲存資料的最小單位。
每個磁碟有上下兩個磁面。

313. ( ) 電腦主機板沒有安插任何介面卡就能瀏覽網頁及播放音樂，是因為主機板已內建下列哪些介面卡？
(1)網路卡 (2)音效卡 (3)電視卡 (4)顯示卡。 (124)

314. ( ) 個人電腦中的 USB 連接埠，可以連接下列哪些週邊設備？
(1)隨身碟 (2)鍵盤 (3)滑鼠 (4)數位相機。 (1234)

315. ( ) 有關硬碟的儲存容量大小，下列哪些相同？ (123)
(1)122880 TB (2)120×1024×1024 GB (3)120×2^{50} Bytes (4)0.1 EB。

解析 122880 TB = 120×1024×1024 GB = 120×2^{50} Bytes。
0.1 EB = 102.4 TB。

316. ( ) 某台電腦的資料匯流排有 24 條排線，位址匯流排有 30 條排線，請問此台電腦之 CPU 的定址記憶體空間為何？ (24)
(1)2^{24}bits (2)2^{30}Bytes (3)256MB (4)1GB。

解析 CPU 的定址記憶體空間以位址匯流排之排線數量決定，若位址匯流排有 n 條排線，計算定址記憶體空間為 2^n。n=30，2^{30} Bytes = 1GB。

317. ( ) 下列文數字的 ASCII Code 大小之比較，哪些正確？ (23)
(1)a＞1＞A (2)c＞b＞a (3)3＞2＞1 (4)1＞g＞p。

解析

字碼	ASCII Code	字碼	ASCII Code
1	49	b	98
2	50	c	99
3	51	g	103
A	65	p	112
a	97	b	98

318. ( ) 有關頻寬單位的說明，下列哪些正確？ (12)
(1)bps 為每秒傳輸 1 個位元 (2)Kbps 為每秒傳輸 1024 個位元
(3)Mbps 為每秒傳輸 100 個位元 (4)Gbps 為每秒傳輸 220 個位元。

解析 Kbps 為每秒傳輸 1024 個位元=2^{10} 個位元。
Mbps 為每秒傳輸 1024×1024 個位元=2^{20} 個位元。
Gbps 為每秒傳輸 1024×1024×1024 個位元=2^{30} 個位元。

319. ( ) 下列哪些是個人電腦使用的輔助記憶體？ (234)
(1)快取記憶體 (2)硬碟機 (3)軟碟機 (4)光碟機。

解析 所謂輔助記憶體指在主機板之外的記憶體儲存裝置。

320. ( ) 下列哪些元件直接內建於主機板上？ (234)
(1)光碟機 (2)晶片組 (3)BIOS ROM (4)擴充槽。

321. ( ) 銷售員介紹筆記型電腦的4項規格中,下列哪些規格是描述其CPU？ (1)8GB DDR (234)
Ⅲ (2)雙核心 (3)8MB 快取記憶體 (4)處理器為 Intel 的 Core i5。

解析 DDRⅢ是指主記憶體規格。

322. ( ) 有關個人電腦 BIOS 的敘述,下列哪些正確？ (124)
(1)BIOS 的全名為 Basic Input Output System
(2)BIOS 是一種韌體(Firmware)
(3)BIOS 是使用 RAM 製造,具有揮發性
(4)當電腦開機時,BIOS 會檢查電腦的相關設備是否正確。

解析 BIOS 是使用 ROM 製造,不具有揮發性,儲存開機所需啟動程式。

323. ( ) 有關記憶體的敘述,下列哪些正確？ (14)
(1)SRAM 可被讀取資料,也能寫入資料
(2)DRAM 的速度比硬式磁碟慢
(3)當電腦關機後,DRAM 中的資料不會消失
(4)SRAM 的速度比硬式磁碟快。

解析 電腦關機後 RAM 的資料消失。RAM 的存取速度比 HDD 硬式磁碟快。

324. ( ) 下列哪些是電腦的輸入設備？ (124)
(1)數位相機 (2)光筆 (3)繪圖機 (4)掃瞄器。

解析 繪圖機屬輸出設備。

325. ( ) 下列哪些是屬於單向傳輸的匯流排類型？ (23)
(1)記憶匯流排(Memory Bus) (2)位址匯流排(Address Bus)
(3)控制匯流排(Control Bus) (4)資料匯流排(Data Bus)。

解析 單向傳輸：位址匯流排(Address Bus)及控制匯流排(Control Bus)。
雙向傳輸：資料匯流排(Data Bus)。

326. ( ) 有關同軸電纜及光纖傳輸媒介之比較,下列哪些正確？ (1)光纖是以光脈衝信號的 (134)
形式傳輸訊號 (2)光纖的傳輸距離最短 (3)光纖抗雜訊力較同軸電纜為佳
(4)光纖的頻寬最寬。

解析 光纖的傳輸距離較同軸電纜長。

327. ( ) 我國行政院生產力4.0發展方案涵蓋了哪些生產力4.0 (1)製造業生產力4.0 (123)
(2)農業生產力4.0 (3)商業服務業生產力4.0 (4)教育事業生產力4.0。

工作項目 2 應用軟體使用

單選題

1. ( ) 在文書處理軟體 Microsoft Word 中，下列哪一個段落對齊會調整字元間距，讓左邊界和右邊界都對齊？
   (1)置中對齊 (2)靠左對齊 (3)靠右對齊 (4)左右對齊。　(4)

2. ( ) 在文書處理軟體 Microsoft Word 中，若在表格中選取多個儲存格後，再按一下「Delete 鍵」會執行以下哪一個動作？
   (1)刪除儲存格 (2)刪除表格 (3)刪除儲存格內容 (4)刪除儲存格格式。　(3)

3. ( ) 在文書處理軟體 Microsoft Word 中，使用「Ctrl+Home」快速鍵，可完成何種工作？
   (1)移到文件的起始端 (2)移到游標所在的句首 (3)至上一頁 (4)移到文件最尾端。　(1)

   解析 [Ctrl] + [PageUp] 游標移至上頁文字左上角。
   [Ctrl] + [End] 游標移至本文尾端。
   [Ctrl] + [PageDown] 游標移至下頁。
   [Ctrl] + [Home] 游標移至本文起始端。

4. ( ) 在文書處理軟體 Microsoft Word 2016 中，如果想要對一份文件加以保護時，下列敘述何者錯誤？ (1)要控制文件的開啟，可以設定保護密碼 (2)要控制文件的修改，可以設定防寫密碼 (3)當將文件另存為另一個檔案時，密碼仍可以延用 (4)如果已設定防寫密碼，將無法複製文件的內容。　(4)

   解析 設了防寫密碼仍可複製，複製後的檔案仍是被密碼保護者。

5. ( ) 在文書處理軟體 Microsoft Word 中，按下列何種組合鍵，可以插入分頁符號？
   (1)Ctrl+Enter (2)Shift+Tab (3)Alt+Tab (4)Shift+Enter。　(1)

6. ( ) 在文書處理軟體 Microsoft Word 中，如果要複製一小段文字到一個位置，以下哪一種作法可以完成？ (1)複製文字後，在新的位置上按一下 Ctrl+X (2)複製文字後，在新的位置上按一下 Ctrl+C (3)選取要複製的文字，按著 Ctrl 鍵並拖曳至新的位置 (4)選取要複製的文字，按著 Alt 鍵並拖曳至新的位置。　(3)

   解析 複製文字後，在新的位置上按一下 Ctrl+V。
   剪下 快速鍵 Ctrl+X。
   複製 快速鍵 Ctrl+C。

7. ( ) 在文書處理軟體 Microsoft Word 中，要刪除圖片的裁剪區域，可透過下列哪一項功能來執行？
   (1)重設圖片 (2)移除背景 (3)壓縮圖片 (4)變更圖片。　(3)

8. ( ) 在文書處理軟體 Microsoft Word 2016 中，如果要設定整頁文件的「花邊」，則下列設定的動作何者可以完成？ (1)在版面設定的邊界中設定 (2)在頁面色彩中設定 (3)在浮水印中設定 (4)在頁面框線中設定。　(4)

9. ( ) 在文書處理軟體 Microsoft Word 2016 中,下列關於「範本」的敘述中,何者錯誤? (2)
(1)normal.dotx 為一個共用範本 (2)範本只能用來建立文件,不能用於建立範本 (3)範本決定文件的基本資料結構和文件設定 (4)範本文件所含設定僅適用於以該範本為基礎的文件。

解析 Word 範本格式只有一種副檔名為 DOT 的範本文件。

10. ( ) 在文書處理軟體 Microsoft Word 2016 中,關於頁面檢視的描述,下列敘述何者錯誤? (1)如果要將整個版面都顯示在視窗中,則要選取「整頁」 (4)
(2)如果選取「頁寬」,則依視窗的寬度自動縮小或放大來調整版面的寬度 (3)使用者可以自訂檢視的比例 (4)設定檢視的比例將會影響列印的結果。

解析 Word 檢視的比例僅會影響文件顯示大小,但不會影響列印的結果。

11. ( ) 在文書處理軟體 Microsoft Word 2016 中,下列敘述何者錯誤? (1)可以從 Word 或 Access 等外部檔案匯入資料執行合併列印 (2)使用巨集功能可以較少的動作完成複雜的工作 (3)使用文字方塊可使一份文件同時直書與橫書 (4)不具有繪圖功能,必須以插入物件的方式插入繪圖物件。 (4)

解析 Word 本身即有簡易的繪圖工具,在「一般工具列」按下「繪圖」按鈕,即可叫出繪圖工具列。

12. ( ) 在文書處理軟體 Microsoft Word 2016 中,下列敘述何者正確? (1)可以使用書籤快速跳至所定義的位置 (2)無法製作引文與書目 (3)無法自行控制字形大小 (4)有網站管理的功能。 (1)

解析 Word 有英文的拼字檢查和文法檢查的功能,但沒有網站管理功能。

13. ( ) 在文書處理軟體 Microsoft Word 中,以滑鼠在文件左方的選取區上連按滑鼠左鍵三次,可以完成以下哪一個功能? (4)
(1)選取一句話 (2)選取一列 (3)選取一段 (4)選取整份文件。

解析 在 Word 編輯區的左方以滑鼠點一下是選取一列;點二下是一段;點三下是整份文件。

14. ( ) 在文書處理軟體 Microsoft Word 2016 中,若要透過「取代」功能將文件中所有""符號改為〔〕符號,如"丙級"改為〔丙級〕,若在「尋找目標」輸入「(")(*)(")」,則在「取代為」應輸為下列哪一項? (3)
(1)(〔)(*)(〕) (2)〔*〕 (3)〔\2〕 (4)〔/2〕。

15. ( ) 在文書處理軟體 Microsoft Word 中,關於「表格」的敘述,下列何者錯誤? (1)可以對表格中的數字排序 (2)允許將一個表格分割為二個表格 (3)可以設定跨頁標題重覆 (4)可以將表格內容及表格框線轉成文字檔。 (4)

解析 表格/表格轉換文字 是表格內容可轉成文字,表格框線將被取消,表格間隔由逗號或 Tab 取代。

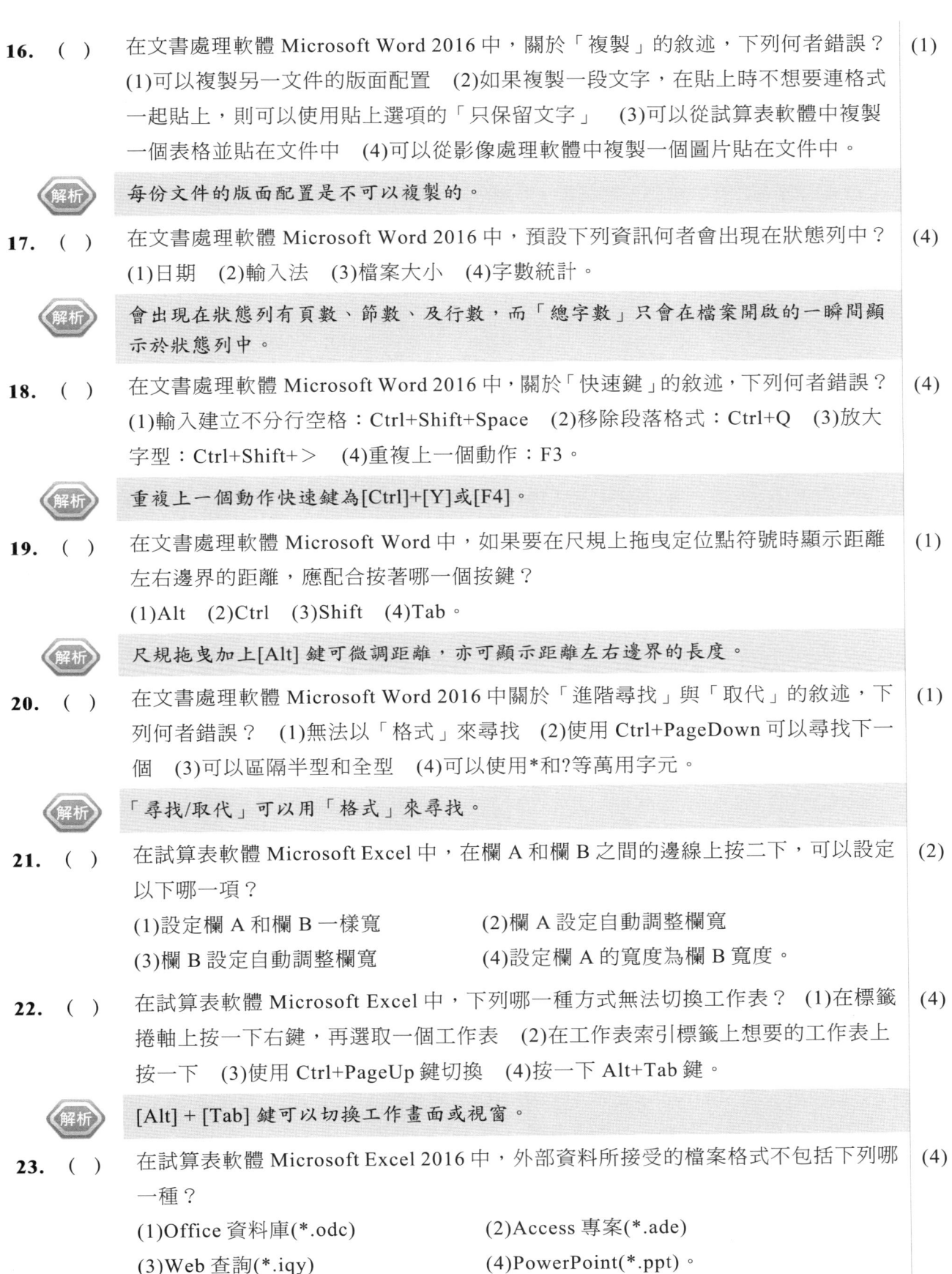

16. ( ) 在文書處理軟體 Microsoft Word 2016 中,關於「複製」的敘述,下列何者錯誤? (1)可以複製另一文件的版面配置 (2)如果複製一段文字,在貼上時不想要連格式一起貼上,則可以使用貼上選項的「只保留文字」 (3)可以從試算表軟體中複製一個表格並貼在文件中 (4)可以從影像處理軟體中複製一個圖片貼在文件中。 (1)

解析 每份文件的版面配置是不可以複製的。

17. ( ) 在文書處理軟體 Microsoft Word 2016 中,預設下列資訊何者會出現在狀態列中? (1)日期 (2)輸入法 (3)檔案大小 (4)字數統計。 (4)

解析 會出現在狀態列有頁數、節數、及行數,而「總字數」只會在檔案開啟的一瞬間顯示於狀態列中。

18. ( ) 在文書處理軟體 Microsoft Word 2016 中,關於「快速鍵」的敘述,下列何者錯誤? (1)輸入建立不分行空格:Ctrl+Shift+Space (2)移除段落格式:Ctrl+Q (3)放大字型:Ctrl+Shift+> (4)重複上一個動作:F3。 (4)

解析 重複上一個動作快速鍵為[Ctrl]+[Y]或[F4]。

19. ( ) 在文書處理軟體 Microsoft Word 中,如果要在尺規上拖曳定位點符號時顯示距離左右邊界的距離,應配合按著哪一個按鍵?
(1)Alt (2)Ctrl (3)Shift (4)Tab。 (1)

解析 尺規拖曳加上[Alt]鍵可微調距離,亦可顯示距離左右邊界的長度。

20. ( ) 在文書處理軟體 Microsoft Word 2016 中關於「進階尋找」與「取代」的敘述,下列何者錯誤? (1)無法以「格式」來尋找 (2)使用 Ctrl+PageDown 可以尋找下一個 (3)可以區隔半型和全型 (4)可以使用*和?等萬用字元。 (1)

解析 「尋找/取代」可以用「格式」來尋找。

21. ( ) 在試算表軟體 Microsoft Excel 中,在欄 A 和欄 B 之間的邊線上按二下,可以設定以下哪一項? (2)
(1)設定欄 A 和欄 B 一樣寬　　　(2)欄 A 設定自動調整欄寬
(3)欄 B 設定自動調整欄寬　　　(4)設定欄 A 的寬度為欄 B 寬度。

22. ( ) 在試算表軟體 Microsoft Excel 中,下列哪一種方式無法切換工作表? (1)在標籤捲軸上按一下右鍵,再選取一個工作表 (2)在工作表索引標籤上想要的工作表上按一下 (3)使用 Ctrl+PageUp 鍵切換 (4)按一下 Alt+Tab 鍵。 (4)

解析 [Alt] + [Tab] 鍵可以切換工作畫面或視窗。

23. ( ) 在試算表軟體 Microsoft Excel 2016 中,外部資料所接受的檔案格式不包括下列哪一種? (4)
(1)Office 資料庫(*.odc)　　　(2)Access 專案(*.ade)
(3)Web 查詢(*.iqy)　　　　　(4)PowerPoint(*.ppt)。

49

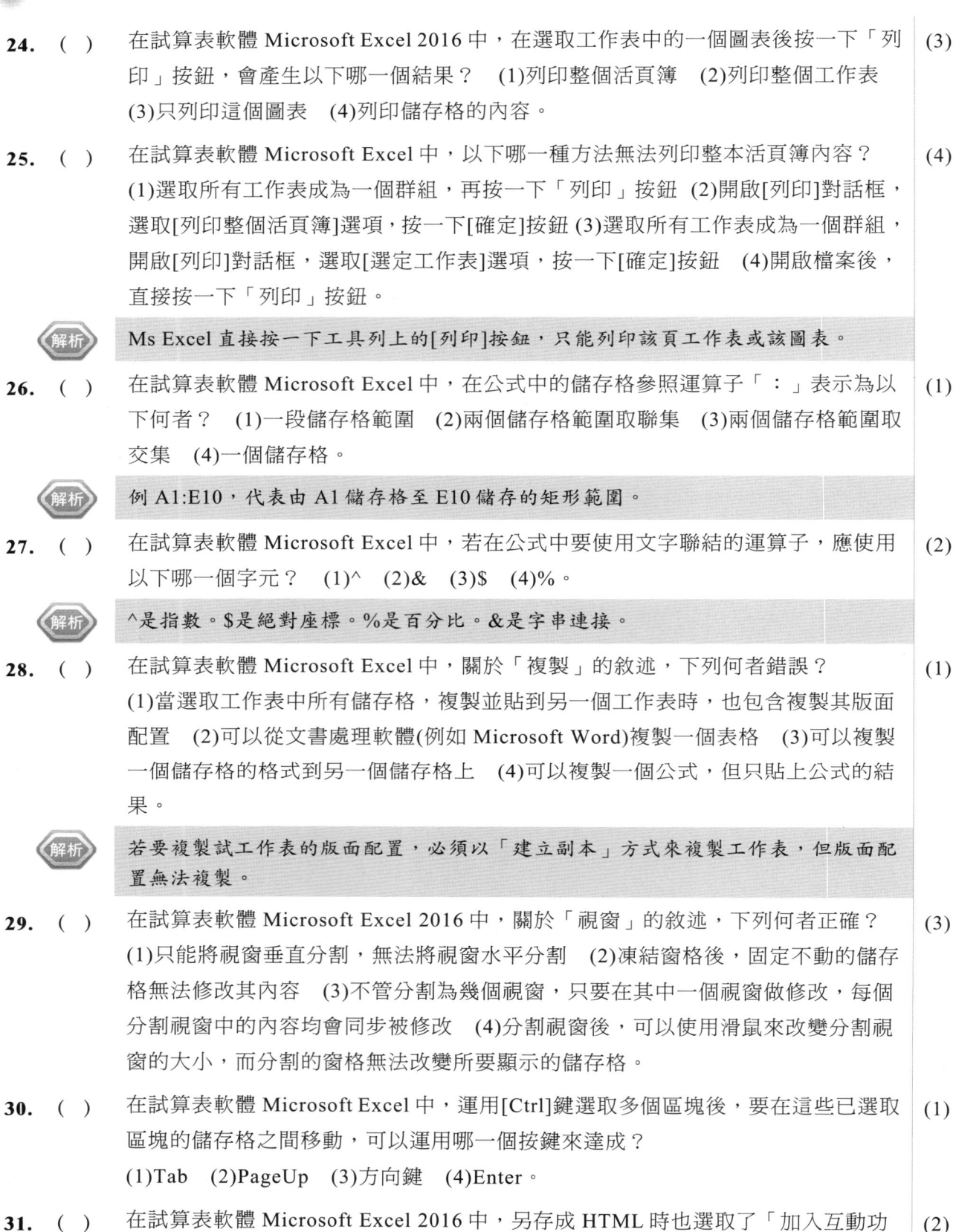

24. ( ) 在試算表軟體 Microsoft Excel 2016 中，在選取工作表中的一個圖表後按一下「列印」按鈕，會產生以下哪一個結果？ (1)列印整個活頁簿 (2)列印整個工作表 (3)只列印這個圖表 (4)列印儲存格的內容。 (3)

25. ( ) 在試算表軟體 Microsoft Excel 中，以下哪一種方法無法列印整本活頁簿內容？ (1)選取所有工作表成為一個群組，再按一下「列印」按鈕 (2)開啟[列印]對話框，選取[列印整個活頁簿]選項，按一下[確定]按鈕 (3)選取所有工作表成為一個群組，開啟[列印]對話框，選取[選定工作表]選項，按一下[確定]按鈕 (4)開啟檔案後，直接按一下「列印」按鈕。 (4)

解析 Ms Excel 直接按一下工具列上的[列印]按鈕，只能列印該頁工作表或該圖表。

26. ( ) 在試算表軟體 Microsoft Excel 中，在公式中的儲存格參照運算子「：」表示為以下何者？ (1)一段儲存格範圍 (2)兩個儲存格範圍取聯集 (3)兩個儲存格範圍取交集 (4)一個儲存格。 (1)

解析 例 A1:E10，代表由 A1 儲存格至 E10 儲存的矩形範圍。

27. ( ) 在試算表軟體 Microsoft Excel 中，若在公式中要使用文字聯結的運算子，應使用以下哪一個字元？ (1)^ (2)& (3)$ (4)%。 (2)

解析 ^是指數。$是絕對座標。%是百分比。&是字串連接。

28. ( ) 在試算表軟體 Microsoft Excel 中，關於「複製」的敘述，下列何者錯誤？ (1)當選取工作表中所有儲存格，複製並貼到另一個工作表時，也包含複製其版面配置 (2)可以從文書處理軟體(例如 Microsoft Word)複製一個表格 (3)可以複製一個儲存格的格式到另一個儲存格上 (4)可以複製一個公式，但只貼上公式的結果。 (1)

解析 若要複製試工作表的版面配置，必須以「建立副本」方式來複製工作表，但版面配置無法複製。

29. ( ) 在試算表軟體 Microsoft Excel 2016 中，關於「視窗」的敘述，下列何者正確？ (1)只能將視窗垂直分割，無法將視窗水平分割 (2)凍結窗格後，固定不動的儲存格無法修改其內容 (3)不管分割為幾個視窗，只要在其中一個視窗做修改，每個分割視窗中的內容均會同步被修改 (4)分割視窗後，可以使用滑鼠來改變分割視窗的大小，而分割的窗格無法改變所要顯示的儲存格。 (3)

30. ( ) 在試算表軟體 Microsoft Excel 中，運用[Ctrl]鍵選取多個區塊後，要在這些已選取區塊的儲存格之間移動，可以運用哪一個按鍵來達成？ (1)Tab (2)PageUp (3)方向鍵 (4)Enter。 (1)

31. ( ) 在試算表軟體 Microsoft Excel 2016 中，另存成 HTML 時也選取了「加入互動功能」，即表示發佈的網頁具有下列哪一特性？ (1)具有影音效果 (2)以試算表形式顯示工作表 (3)資料工作表將被轉成圖案型式 (4)提供線上問答。 (2)

32. ( ) 在試算表軟體 Microsoft Excel 中，關於「儲存格位址」的敘述，下列何者錯誤？ (1)若要設定欄或列為絕對位址則加上「$」符號 (2)設定相對位址的欄或列，在複製公式時不會被改變其位址 (3)儲存格位址的表示法為「欄名列號」 (4)在公式中使用儲存格位址，也可以一個「名稱」來取代。 (2)

> 解析 應為絕對位址，複製在公式時才會固定其位址。

33. ( ) 在試算表軟體 Microsoft Excel 2016 中，關於「儲存格格式」的敘述，下列何者錯誤？ (1)如果要隱藏儲存格的內容不顯示，則設定為「;;」 (2)如果要表示分數，則整數和分數之間要以一個「空格」分隔 (3)如果要設定顏色要以「[ ]」含括 (4)若只要顯示有效位數，則使用「％」。 (4)

> 解析 使用「#」表示有效位數。

34. ( ) 在試算表軟體 Microsoft Excel 中，設定「保護工作表」範圍不包含以下哪一個項目？ (1)內容 (2)顯示比例 (3)分析藍本 (4)物件。 (2)

> 解析 工作表保護的項目有內容、分析藍本、物件。

35. ( ) 在試算表軟體 Microsoft Excel 中，關於「保護活頁簿」的敘述，下列何者錯誤？ (1)可以保護活頁簿使之無法插入新的工作表 (2)可以保護活頁簿使視窗無法改變大小 (3)活頁簿中各個工作表的儲存格內容無法修改 (4)密碼可以設定為空的(沒有任何字元)。 (3)

36. ( ) 在試算表軟體 Microsoft Excel 2016 中，關於資料「篩選」的敘述，下列何者錯誤？ (1)可以依特定公式篩選記錄 (2)可以篩選出某一個數值或文字的記錄 (3)可以依色彩來篩選資料 (4)可以使用邏輯運算「且」、「或」來進行篩選。 (1)

> 解析 Excel 無法依特定公式篩選紀錄。

37. ( ) 在試算表軟體 Microsoft Excel 2016 中，關於「合併活頁簿」的敘述，下列何者錯誤？ (1)開啟要合併的活頁簿標題欄會顯示「[共用]」 (2)在建立活頁簿副本前必須設定「標示編修處」 (3)在活頁簿副本中有變動的儲存格左上角會有一個三角形記號 (4)若合併的結果不滿意，只要按一下「復原」按鈕即可還原。 (4)

> 解析 若合併不滿意需要「移除共用」才可。

38. ( ) 在試算表軟體 Microsoft Excel 中，關於「小數點問題」的敘述，下列何者錯誤？ (1)如果儲存格的小數位數過長，會顯示四捨五入的結果 (2)如果將一個數代入 Int() 函數，其結果為等於或小於該數之整數 (3)允許使用者設定在運算時以顯示值為準 (4)使用 RAND() 函數可以將具有小數的數值四捨五入。 (4)

> 解析 RAND( )為產生一個 0 ≤ Rand( ) < 1 隨機亂數。
> ROUND( )才可將小數的數值四捨五入。
> Int( )為求小於等於的最大整數，整數代入 Int( )仍是原整數。

39. ( ) 在試算表軟體 Microsoft Excel 中，下列敘述何者錯誤？ (1)
(1)如果要設定起始頁碼，則應在頁首和頁尾中設定
(2)在版面設定的「縮放比例」功能，可以將 A4 版面的內容放大為 B4 的大小
(3)在版面設定中可以將文件設定列印結果要佔幾頁
(4)在版面設定中可以設定「循欄列印」或「循列列印」。

解析 應在「版面設定/頁面/起始頁碼」中設定。

40. ( ) 在試算表軟體 Microsoft Excel 中，關於「工作表版面設定」的敘述，下列何者錯誤？ (1)可以設定列印格線 (2)可以設定列印欄名列號 (3)可以設定每面重覆的標題列或標題欄 (4)可以設定只列印儲存格中的公式，而不列印公式的結果。 (4)

41. ( ) 在試算表軟體 Microsoft Excel 中，關於「列印一段儲存格範圍或圖表」的敘述，下列何者錯誤？ (1)
(1)選取一段儲存格範圍後按一下「列印」按鈕
(2)在版面設定中的工作表標籤中設定列印範圍
(3)選取一段儲存格範圍後，在「列印」對話框中選取「列印選定範圍」
(4)選取一個圖表後按一下「列印」按鈕，則只會列印該圖表。

解析 工具列上之「列印」按鈕，只能列印整張工作表，無法列印選取範圍。

42. ( ) 在試算表軟體 Windows Excel 中，關於「統計圖表」的敘述，下列何者錯誤？ (2)
(1)若要將一個快取圖案置於統計圖表中，則應先選取統計圖表，然後再插入該圖案，否則該圖案不會在統計圖表中 (2)相同數列無法在統計圖表中設定顯示兩次 (3)若要在統計圖表中顯示一個儲存格中的內容，則應先選取該儲存格，並拖曳至統計圖表中即可 (4)若要在統計圖表中新增一個數列，可以先選取數列所在之儲存格，再拖曳至統計圖表中。

43. ( ) 在 Microsoft Word 環境中，下列關於「合併列印」的敘述，何者正確？ (1)可併入 Word 表格的字型格式設定 (2)可併入 Excel 工作表的儲存格數值設定 (3)合併輸出可指定至 Access 資料庫 (4)資料來源如果是 Excel 檔案，則只能指定一個工作表。 (4)

44. ( ) 在試算表軟體 Microsoft Excel 中，如果想要在一個公式中設定運算結果，而反求其中一個變數的值，則可以使用下列何種功能？ (3)
(1)規劃求解 (2)運算列表 (3)目標搜尋 (4)合併彙算。

45. ( ) 在試算表軟體 Microsoft Excel 中，關於「函數中引數」的敘述，下列何者錯誤？ (2)
(1)引數可以是一段儲存格範圍 (2)引數可以是一個巨集 (3)引數可以是一個邏輯值 (4)引數可以是另一個函數。

解析 引數「不」可以是一個巨集。

46. ( ) 在試算表軟體 Microsoft Excel 中,關於「儲存格錯誤值」的敘述,下列何者錯誤? (1)
(1)公式無法運算時顯示錯誤值「#####」 (2)公式或函數中的號碼有問題時會顯示錯誤值「#NUM!」 (3)使用的引數或運算元的類型錯誤,或公式自動校正特性無法更正公式時,會顯示錯誤值「#VALUE!」 (4)使用不知明的函數會顯示錯誤值「#NAME?」。

解析 資料寬度大於儲存格寬度時,儲存格顯示「#####」。
公式無法運算時,儲存格顯示「#N/A」。

47. ( ) 在試算表軟體 Microsoft Excel 中,關於「日期和時間」的敘述,下列何者錯誤? (4)
(1)日期中的年月日以「/」符號分隔 (2)時間中的時分秒以「:」符號分隔 (3)按一下 Ctrl+;可以產生目前的日期 (4)按一下 Ctrl+Alt+Space 可以產生目前的時間。

解析 產生時間:[Ctrl] + [Shift] + [:]。

48. ( ) 在簡報軟體 Microsoft PowerPoint 2016 中,所編輯的內容通常無法被儲存成何種檔案格式? (4)
(1)PDF (2)簡報執行檔 (3)GIF 圖形交換檔 (4)WAV 聲音檔。

49. ( ) 在簡報軟體 Microsoft PowerPoint 中,如果要使簡報之播放快速順暢,下列何種方式不適宜? (1)加大快取記憶體容量 (2)加上圖形加速卡 (3)加大磁碟機容量 (4)關閉不使用的應用軟體。 (3)

解析 加大磁碟機容量無法提升簡報之播放快速順暢,只能存放較多檔案。

50. ( ) 在簡報軟體 Microsoft PowerPoint 中,下列何者不是其主要的應用目的? (4)
(1)強化溝通效果 (2)提高簡報效率 (3)縮短簡報製作過程 (4)儲存大量資料。

51. ( ) 在簡報軟體 Microsoft PowerPoint 中,關於「一般的操作」,下列敘述何者正確? (2)
(1)每次播放簡報都必須重新設定一次播放效果 (2)簡報檔案可以產生獨立播放的檔案,不需進入簡報系統即可以播放 (3)簡報可以設定成自動播放,但無法循環播放多次 (4)播放簡報投影片必須依照固定的次序,無法改變次序來播放。

解析 PowerPoint 簡報檔若存成.pps 類型,可以不需 PowerPoint 軟體,只要有 PowerPoint Viewer 軟體即可播放。

52. ( ) 在簡報軟體 Microsoft PowerPoint 中,下列物件何者不可以插入簡報投影片中? (2)
(1)Flash 文件 (2)資料庫的表單 (3)連結至網際網路上的超連結 (4)mp3 音樂檔。

53. ( ) 在簡報軟體 Microsoft PowerPoint 中,關於「投影片放映」的敘述,下列何者錯誤? (2)
(1)可以隱藏某張投影片不播放 (2)設定自動播放時,每張投影片只能設定一樣的時間 (3)可以設定在投影片切換顯示動畫 (4)可以設定加入聲音旁白。

解析 設定自動播放時,每張投影片可以設定不同的時間。

54. ( ) 在簡報軟體 Microsoft PowerPoint 2010 中,下列何者無法設定投影片頁碼? (4)
(1)插入「頁首及頁尾」 (2)於列印設定中的「編輯頁首及頁尾」選項 (3)進入「投影片母片」 (4)進入「投影片放映」模式。

55. ( ) 資料庫軟體 Microsoft Access 係採用何種資料庫設計方式？　(1)階層式資料庫　(2)網狀式資料庫　(3)分離式資料庫　(4)關聯式資料庫。　(4)

解析　不論新舊版本的 Ms Access 均是採用關聯式資料庫。

56. ( ) 在資料庫軟體 Microsoft Access 中，若主資料表以「一對多」關聯對應到關聯資料表，當使用者不想在刪除關聯資料表記錄前，就先將主資料表的欄位刪除，則可以設定下列哪一個功能？　(1)設定強迫參考完整性　(2)設定主索引　(3)設定驗證規則屬性　(4)設定為查詢精靈資料類型。　(1)

57. ( ) 在資料庫軟體 Microsoft Access 中，下列敘述何者錯誤？　(1)每一筆資料在輸入後，立即會被儲存在資料庫中，不必按一下「儲存」按鈕　(2)當刪除一個資料表後，只要按一下「復原」按鈕找回刪除的資料表　(3)只要在資料表間建立一對多關聯後，可以在資料表中以樹狀方式顯示多層子資料工作表　(4)一個資料庫可擁有七種物件。　(2)

解析　資料表被刪除後，無法再復原。

58. ( ) 在 Windows 的應用軟體中，當使用「開啟舊檔」功能時，下列何者無助於減少顯示出來的檔案個數，可以快速找到想要的檔案？　(1)直接輸入檔案名稱　(2)選擇檔案類型　(3)在最近異動選項上輸入條件　(4)由我的文件夾開始找起。　(4)

59. ( ) 在 Windows 的應用軟體中，文件如果不想要讓人任意修改，可以設定何種屬性？　(1)唯讀　(2)固定　(3)隱藏　(4)凍結。　(1)

60. ( ) 在 Microsoft Word 環境中，關於「改變分割視窗中任一個視窗的內容」之敘述，下列何者為正確？　(1)分割的兩個視窗內容同時改變　(2)儲存檔案時，另一個視窗內容才會改變　(3)只有正在修改的視窗會改變內容　(4)另一個視窗內容不受影響。　(1)

61. ( ) 在 Microsoft Word 環境中，若要設定一個圖案在每一頁的相同位置重複顯示，則下列哪一種做法可以達成？　(1)在整頁模式下插入圖案　(2)在本文中插入圖案後再設定其格式　(3)在頁首/頁尾中插入圖案　(4)在開啟該圖案時設定。　(3)

解析　「頁首/頁尾」中的任何內容都可在每頁的相同位置重複顯示。

62. ( ) 在 Microsoft Word 2016 環境中所建立之 B4 大小的文件，若要直接將其全部內容列印至 A4 大小的紙張內部，則可利用下列哪一種方法來完成？　(3)
(1)直接按「快速列印」即可
(2)選「檔案」→「列印」→再按「列印」即可
(3)選「檔案」→「列印」→在「配合紙張調整大小」對話框處選「A4」→再按「列印」即可
(4)無法直接完成，而必須再重新排版為 A4 大小的文件才可。

63. ( ) 在 Microsoft Word 環境中，若要使用二種不同格式的頁碼時，必須在不同頁碼之文件中插入下列何種符號？
(1)分節　(2)分頁　(3)欄　(4)分段。　(1)

64. ( ) 在 Microsoft Word 環境中，若要同時選取某一段文章的第二行第 2 至第 8 個字與第三行第 2 至第 8 個字，則可將滑鼠先移至第二行第 2 個字後，再按下下列哪一個鍵、並拉動滑鼠至第三行第 8 個字即可完成選取的動作？
(1)Ctrl 鍵　(2)Shift 鍵　(3)Alt 鍵　(4)Tab 鍵。　(3)

65. ( ) 下列有關 Microsoft Word 2016 之敘述中，何者錯誤？　(1)使用「插入」「圖例」上的「圖案」，可以繪製基本、流程圖及各種樣式的線條　(2)即使將文件製作成大綱，仍無法將它匯入 Microsoft PowerPoint 2010 內轉成一張張的投影片　(3)所建立的表格，可以使用「排序」功能，將表格中的資料根據第一階、第二階及第三階的設定進行排序　(4)可以利用「合併列印」的功能製作大量的郵遞標籤或信封列印，同時還具有篩選資料的能力。　(2)

66. ( ) 在 Microsoft Excel 環境中，若執行「複製」動作後，要取消被選取複製後的虛線框，下列哪一個鍵無法達成？
(1)Tab 鍵　(2)Delete 鍵　(3)Enter 鍵　(4)Esc 鍵。　(1)

67. ( ) 在 Microsoft Excel 2016 環境中，若要將二個已開啟在不同視窗的工作表，以「左右並排」的方式呈現，可選擇下列哪一種功能項目來達成？
(1)水平並排　(2)垂直並排　(3)階梯式並排　(4)磚塊式並排。　(2)

68. ( ) 在 Microsoft Excel 環境中，編輯某一文件時，若要檢查該文件中「英文單字是否有拼錯」之處，可選擇下列哪一種功能項目來達成？　(1)「校訂/自動校正選項」　(2)「校閱/追蹤修訂」　(3)「校閱/拼字檢查」　(4)「校閱/翻譯」。　(3)

69. ( ) 在 Microsoft Excel 環境中，若要列印「活頁簿內所有工作表的內容」時，下列哪一項動作可以達成？　(1)無法一次列印「活頁簿內所有工作表的內容」　(2)「Office 按鈕/列印/列印範圍」之「全部」　(3)「版面配置/版面設定」之「工作表」　(4)「Office 按鈕/列印/列印內容」之「整本活頁簿」。　(4)

70. ( ) 在 Microsoft PowerPoint 環境中，下列哪一項敘述為正確者？
(1)簡報檔案可以產生獨立播放的檔案，播放時可不必進入 PowerPoint
(2)播放效果必須於每次播放簡報前重新再設定一次
(3)簡報播放時必須依照投影片排列的固定順序被播放，並無法改變順序來播放
(4)簡報可以設定成自動播放模式，但無法被設定成循環播放模式。　(1)

71. ( ) 在 Microsoft PowerPoint 2016 環境中，其所編輯的內容無法被儲存成下列哪一種檔案格式？　(1).rtf　(2).gif　(3).ppt　(4).dot。　(4)

解析　.dot 是 WORD 的範本檔。

72. ( ) 在 Microsoft PowerPoint 2016 環境中，若要改變投影片之方向為「直向」或「橫向」時，下列哪一項動作可以達成？ (1)「設計/版面設定/投影片大小」 (2)「設計/背景/背景樣式」 (3)「檔案/列印」 (4)投影片之方向只能為「橫向」，並無法改變為「直向」。　(1)

73. ( ) 在 Microsoft PowerPoint 2016 環境中，下列哪一種「檢視模式」可以「提供層次式，並以條列方式來顯示投影片之文字內容」？
(1)大綱模式　(2)標準模式　(3)投影片瀏覽模式　(4)投影片放映模式。　(1)

74. ( ) 下列有關「關聯式資料庫(Relational DataBase)」之「正規化」的敘述中，何者正確？ (1)所有正規化的觀念均基於「Relational 屬性間之功能的相依性」來發展者 (2)「第一正規化(1NF)」處理允許有多重值之屬性 (3)若「Relational R」中的每一個非主鍵之屬性都「完全功能相依」於「R」的主鍵，則該「R」滿足第二正規化 (4)若「Relational R」中的非主要屬性都「完全功能相依、且遞移相依」於「每一個 R」的鍵值，則該「R」滿足第三正規化。　(3)

解析 資料庫正規化 (Normalization)：
- 1NF：資料表中每一筆紀錄的每一欄位，都必須是唯一、不重複。
- 2NF：去除「部分相依」，唯有完整的主鍵值，才可以辨識一筆資料。
- 3NF：去除「遞移相依」。
- BCNF：去除因「功能相依」而產生的資料重複。
- 4NF：去除「多值關係」的相依問題。

75. ( ) 下列有關 Microsoft Access 2016 之「資料庫」之敘述中，何者錯誤？
(1)可以使用「通用名稱協定 UNC(Univeral Naming Convention)」位址開啟網路上的 Microsoft Access 2007 資料庫
(2)在主要鍵欄位中，可允許出現「重複性的資料」
(3)在資料欄位型態中，具有「超連結」與「OLE 物件」之型態
(4)若主資料表被設定為以「一對多」方式關聯對應到關聯資料表，當使用者不想在刪除關聯資料表記錄前，就先將該主資料表之欄位刪除，此時必須設定「強迫參考完整性」。　(2)

解析 主要鍵欄位中，可允許出現「重複性的資料」不符合資料正規化的要求。

76. ( ) 下列有關 Microsoft Office 2016 之敘述中，何者正確？
(1)在 Word 環境中所建立的表格並不具有「排序」的功能
(2)在 PowerPoint 環境中，若需使用表格時，必須在 PowerPoint 的操作環境中自行建立，並無法由 Word 的操作環境中先行建立後，再將該表格貼上 PowerPoint 中
(3)Word、Excel 與 PowerPoint 的操作環境都可以進行 VBA(Visual Basic for Application)的程式撰寫
(4)「複製格式」係指從選定之物件或文字複製其格式，並將它套用到您所選之物件或文字上，但此功能只適用於 Word 與 Excel 中，至於 PowerPoint 則無此功能。　(3)

77. ( ) 在 Microsoft Word 2016 環境中，可於「檔案/選項/進階/顯示」內設定所使用的「度量單位」，下列何者不是可使用的選項？
(1)行　(2)公分　(3)公釐　(4)Picas。 (1)

78. ( ) 在 Microsoft Word 2016 環境中，有關字型格式的設定的使用，下列何者正確？(1)對英文字套用「細明體」與套用「新細明體」時，其結果是相同的　(2)「字型大小」可設定的最大值是 72　(3)字型色彩中「自動」與「黑色」是相同的　(4)「圍繞文字」每次操作只能作用一個中文字。 (4)

79. ( ) 在 Microsoft Word 2016 環境中，繪製「垂直文字方塊」並輸入 12pt 中文字 3 個，製作如右圖的文字方塊，下列何者正確？
(1)「得助」2 字元，設定為「常用/段落/亞洲方式配置/並列文字」
(2)「得助」2 字元，設定為「常用/段落/亞洲方式配置/組排文字」
(3)「趙」這個字元，在「常用/段落/亞洲方式配置」的字元比例，設為 200%
(4)「趙」這個字元，在「格式工具列」的字型大小設為 24pt、字元比例設為 50%。 (3)

80. ( ) 在 Microsoft Word 2016 環境中，複製格式按鈕，使用在下列何種格式複製？
(1)定位點　(2)項目編號　(3)橫向文字　(4)注音標示。 (4)

81. ( ) 在 Microsoft Word 環境中，按下列哪個組合鍵可開啟空白文件？
(1)Ctrl+A　(2)Ctrl+N　(3)Ctrl+V　(4)Ctrl+O。 (2)

82. ( ) 在 Microsoft Word 環境中，有關「並列文字」的敘述，下列何者正確？　(1)上列與下列的字數必須相等　(2)完成「並列文字」的設定後，文字即不能修改　(3)完成「並列文字」設定後，字型即不能修改　(4)完成「並列文字」後，字型大小會減為原來的一半。 (4)

83. ( ) 在 Microsoft Word 環境中，下列哪一種情況可以不需手動插入「分節符號」？
(1)設定不同的頁面框線　(2)設定不同的欄數　(3)設定不同的紙張方向　(4)在頁尾設定不同的頁碼。 (2)

84. ( ) 當某位員工於網頁上複製一段文字，其中包含有文字超連結，於 Microsoft Word 貼上此段文字後，若不想保有文字超連結，在完成貼上動作後，可在「貼上選項」按鈕中，選取哪一個選項？　(1)保持來源的格式設定　(2)符合目前的格式設定　(3)保留純文字　(4)移除超連結。 (3)

85. ( ) 在 Microsoft Word 環境中，若有一張圖片在文字之上，造成部分文字被圖片遮住，希望在不影響文字排版的情況下，將圖片置於文字之下，請問應在「圖片工具」進行何種操作即可完成？　(1)排列/移到最下層/下移一層　(2)排列/移到最下層　(3)文繞圖/文字在前　(4)文繞圖/文字在後。 (3)

86. ( ) 在 Microsoft Word 的環境中，大部分的快取圖案可以轉成文字方塊，下列何者不能轉成文字方塊？
(1)手繪多邊形　(2)向右箭頭　(3)禁止標誌　(4)流程圖。 (1)

87. ( ) 在 Microsoft Word 2016 的環境中,可設定顯示格線,以輔助流程圖的繪製;下列何者操作可顯示「格線」? (1)表格工具/繪製框線 (2)表格工具/設計/框線/檢視隔線 (3)檢視/勾選格線 (4)版面配置/分隔設定。 (3)

88. ( ) 在 Microsoft Word 2016 的環境中,於整頁模式下選取圖片時,在圖片附近的某段落會出現「錨」符號⚓;關於「⚓」的敘述,下列何者不正確? (1)圖片的文繞圖設定為「與文字並列」時,不會出現⚓ (2)若移動⚓的位置,圖片也會跟著一起移動 (3)若⚓所在的段落往上或往下移動,圖片也會跟著一起移動 (4)圖片的文繞圖設定為「矩形」時,會出現⚓。 (1)

89. ( ) 在 Microsoft Word 的環境中,強制表格在特定的列進行分頁,可於要在下一頁顯示的列上按下列哪個組合鍵 (1)Ctrl+Enter (2)Shift+Enter (3)Alt+Enter (4)Alt+ Shift。 (1)

90. ( ) 在 Microsoft Word 環境中,有關「儲存格對齊」的敘述,下列何者不正確? (1)可以單獨設定儲存格的垂直對齊 (2)可以單獨設定儲存格的水平對齊 (3)可以同時設定儲存格的垂直及水平對齊 (4)分散對齊只能用於水平對齊。 (4)

91. ( ) 在 Microsoft Word 2016 環境中,關於「目錄」的敘述,下列何者不正確? (1)目錄項目來源可為自訂的樣式 (2)目錄項目來源可為標示大綱階層的段落 (3)選取目錄,再按「F9」鍵,可更新目錄 (4)選取目錄,再按「Ctrl」+「F9」鍵,可取消目錄的功能變數,使目錄成為獨立的文字。 (4)

92. ( ) 在 Microsoft Excel 環境中,若要在「一個儲存格」中輸入兩列以上的資料,執行強迫換列的動作,需按下列哪一個組合鍵? (1)Shift+Enter (2)Ctrl+Enter (3)Alt+Enter (4)Ctrl+F10。 (3)

93. ( ) 在 Microsoft Excel 環境中,如果在儲存格中需要顯示日期「109/11/10」,應該如何輸入? (1)c109/11/10 (2)r109/11/10 (3)t109/11/10 (4)y109/11/10。 (2)

94. ( ) 在 Microsoft Excel 預設環境中,在儲存格中輸入適當資料,再拖曳該儲存格右下角的填滿控制點,可在各儲存格自動填滿遞增資料;但輸入下列何者無法達成上述功能? (1)週一 (2)正月 (3)甲 (4)一。 (4)

解析 自訂清單中沒有一、二、三...。

95. ( ) 在 Microsoft Excel 環境中,儲存格 A1 及 A2 分別輸入 2020/6/1 及 2020/6/4 後,選取儲存格 A1 及 A2,拖曳選取範圍右下角的填滿控制點至儲存格 A4,再選取自動填滿選項的方式是「以工作日填滿」,試問儲存格 A3 及 A4 的資料是下列哪一項(提示:2020/6/1 是星期二)? (1)2020/6/7 及 2020/6/10 (2)2020/6/7 及 2020/6/8 (3)2020/6/8 及 2020/6/11 (4)2020/6/5 及 2020/6/5。 (3)

> **解析** 以工作日填滿其星期六、日會跳過。
> 2010/6/1 是星期二，2010/6/4 是星期五
> 2010/6/8 是星期二，2010/6/11 是星期五

96. ( ) 在 Microsoft Excel 環境中，在儲存格中輸入「10-9-6」，並設定儲存格的格式為「m/d(aaa)」，則該儲存格如何顯示？
(1)9/6(週一)　(2)9/6(星期一)　(3)10/6(週一)　(4)10/9(星期一)。 (1)

97. ( ) 在 Microsoft Excel 環境中，有資料如右圖所示，其中儲存格 A1 及 A2 的格式設定為數值、儲存格 A3 的格式設定為貨幣，由於格式設定不同，造成 3 個儲存格的數字資料右側沒對齊；如何修改 A3 的格式設定才能對齊？
(1)"NT$"#,##0_-　(2)"NT$"#,##0*-　(3)"NT$"#,##0**　(4)"NT$"##,#0?。 (1)

98. ( ) 在 Microsoft Excel 環境中，已有學員成績資料如下圖所示，如果希望當學員「平均」小於 60，則該學員整列的圖樣變成灰-25%；則儲存格範圍 A2 至 E5 之「設定格式化的條件」功能中，「條件一」的公式應為何？
(1)=$E2＜60　(2)=E2＜60　(3)=$E$2＜60　(4)=E$2＜60。 (1)

99. ( ) 在 Microsoft Excel 環境中，儲存格 A1、B1、C1 的資料分別為 2020、7、15，利用此 3 個儲存格資料在儲存格 D1 組合成一個日期，並設定格式為日期形態 [e/m/d]，以顯示 109/7/15；則下列公式何者無法達成要求？　(1)=DATE(A1,B1,C1)　(2)=DATEVALUE(A1&"-"&B1&"-"&C1)　(3)=VALUE(A1&"-"&B1&"-"&C1)　(4)=A1&"/"& B1&"/"&C1。 (4)

100. ( ) 在 Microsoft Excel 環境中，如果單一儲存格已建立超連結，若要對此儲存格進行設定或修改，應如何選取此儲存格？　(1)按住 Shift 鍵不放，再用滑鼠點選此儲存格　(2)按住 Alt 鍵不放，再用滑鼠點選此儲存格　(3)按住 Ctrl 鍵不放，再用滑鼠點選此儲存格　(4)在此儲存格按滑鼠右鍵。 (4)

101. ( ) 在 Microsoft Excel 環境中，在下圖資料中，如果希望與「所得稅」有關的儲存格圖樣為灰-25％；則儲存格範圍 B2 至 E5 之「設定格式化的條件」功能中，「條件一」的公式應為何？　(1)=MOD(ROW(),2)=0　(2)=MOD(ROW(),2)=1　(3)=MOD(ROW(),4)=0　(4)=MOD(ROW(),4)=1。 (1)

解析
- ROW()：回傳列號。
- MOD(X,Y)：回傳 X(被除數)與 Y(除數)相除後之餘數。餘數和除數具有相同的正負號。
- MOD(ROW(),2)=0：當列號為雙數回傳「真」值。

102. ( ) 在 Microsoft Excel 環境中，有關「非 ASCII 碼排序」的敘述，下列何者不正確：(1)需先在「自定清單」內定義排列順序 (2)每次排序至多只能有一個非 ASCII 碼 (3)非 ASCII 碼排序必須指定在主要鍵 (4)排序至多不能超過 3 次。　(4)

103. ( ) 下列何者是 Microsoft Excel 所提供的功能？ (1)分割儲存格 (2)同時搬移連續多欄 (3)調整選取單一儲存格的寬度 (4)於儲存格的文字段落中插入嵌入式圖片。　(2)

104. ( ) 在 Microsoft Excel 環境中，有關「進階篩選」的敘述，下列何者不正確？ (1)篩選資料輸出處，系統會自動產生欄位名稱 (2)準則範圍中，列與列之間是 OR 的篩選組合關係 (3)被篩選的資料與篩選結果必須屬於同一張工作表 (4)篩選準則不能使用函數。　(4)

105. ( ) 在 Microsoft Excel 環境中，提供自動輸入公式對相同鍵值的數值資料作計算的功能稱之為「小計」。在執行前述「小計」功能之前，資料必須先經過何種處理？ (1)排序 (2)篩選 (3)資料剖析 (4)合併彙算。　(1)

106. ( ) 在 Microsoft Excel 環境中，有一工作表資料如下圖，在 B2 儲存格輸入公式「A2*C$2」，並設定格式為數值類別、小數位數為 0、使用千分位(,)符號，再拖曳 B2 儲存格之自動填滿控制點至 B4 儲存格，然後在 B5 儲存格輸入=SUM(B2:B4)，如此操作發生四捨五入之誤差問題，該如何解決？
(1)B2 儲存格修改為=INT(A2)*C$2，再拖曳 B2 儲存格之自動填滿控制點至 B4 儲存格 (2)B2 儲存格修改為=INT(A2*C$2)，再拖曳 B2 儲存格之自動填滿控制點至 B4 儲存格 (3)B5 儲存格修改為=ROUND(SUM (B2:B4),0) (4)B5 儲存格修改為=ROUND(SUM(A2:A4)*C2,0)。　(2)

	A	B	C
1	薪資	所得稅	
2	35,055	2,103	6%
3	42,555	2,553	
4	25,200	1,512	
5	合計	6,169	

107. ( ) 在 Microsoft Excel 環境中，下列哪一種圖表只適用在「僅有一個資料數列」的情況？
(1)圓形圖 (2)折線圖 (3)雷達圖 (4)直條圖。　(1)

108. ( ) 在 Microsoft PowerPoint 2016 環境中，若要設定播放時，「標題飛入，內文淡出」，則下列哪項功能可完成設定？
(1)動作設定 (2)動畫 (3)自訂動畫 (4)動畫配置。　(2)

109. ( ) 在 Microsoft PowerPoint 環境中，如果想將多張圖片一次新增到簡報中，並指定每張投影片配置的圖片數，以自動分配圖片至各投影片中，應如何操作？ (4)
(1)檔案/匯入 (2)插入/圖片 (3)插入/從掃描器或照相機 (4)插入/相簿。

110. ( ) 在 Microsoft PowerPoint 環境中，關於「封裝成光碟」功能的敘述，下列何者不正確？ (4)
(1)可以包含連結的檔案 (2)可以內嵌 True Type 字型
(3)不需使用 PowerPoint 即可播放簡報 (4)必需使用燒錄光碟片。

111. ( ) 在 Microsoft PowerPoint 環境中，其中範本檔的副檔名為？ (1)
(1).potx (2).ppax (3).pptx (4).ppsx。

112. ( ) 在 Microsoft PowerPoint 環境中，如要「變更投影片編號的位置」，應在哪裡設定？ (2)
(1)檢視/頁首及頁尾 (2)檢視/投影片母片 (3)檔案/版面設定 (4)插入/投影片編號。

113. ( ) 在 Microsoft PowerPoint 環境中，有關「插入聲音檔案」的敘述，下列何者不正確？ (4)
(1)可設定投影片播放時隱藏聲音圖示 (2)wav 音效檔大小超過設定值會自動以連結方式處理 (3)可設定聲音檔重複播放的次數 (4)mp3 檔可設定以內嵌方式插入。

114. ( ) 在 Microsoft PowerPoint 2016 環境中，下列何者的文字可於「大綱模式」中直接編輯？ (1)
(1)版面配置區 (2)快取圖案 (3)文字方塊 (4)文字藝術師。

115. ( ) 下列何種檔案不可匯入至 Microsoft Access 成為資料表？ (1)
(1)Word (2)Exchange (3)dBASE (4)Outlook。

116. ( ) 在 Microsoft Access 2016 環境中，關於「資料表主索引鍵」的敘述，下列何者不正確？ (1)每個資料表只能有一個主索引鍵 (2)主索引鍵最多可由 10 個欄位組成 (3)資料表允許沒有主索引鍵 (4)主索引鍵可以使用任何資料類型的欄位。 (4)

117. ( ) 在 Microsoft Access 環境中，使用「交叉資料表查詢」時，需搭配下列何項功能？ (1)
(1)合計 (2)排序 (3)準則 (4)參數。

118. ( ) 在 Microsoft Access 表單視窗中，下列哪一個控制項無法與資料來源結合？ (1)
(1)標籤 (2)文字方塊 (3)下拉式方塊 (4)清單方塊。

119. ( ) 在 Microsoft Access 資料庫關聯圖視窗中，執行關聯編輯時，下列何者無法設定？ (4)
(1)強迫參考完整性 (2)重疊顯示刪除相關欄位 (3)連接類型 (4)關聯類型。

120. ( ) 在 Microsoft Access 查詢視窗中，下列哪一個準則絕對無法找到符合「台東縣長濱鄉」文字的資料？ (4)
(1)台*鄉 (2)台東縣??鄉 (3)台*長?鄉 (4)台?鄉。

解析 「?」表示一個任意字元，「*」表任意字串且字數不限。

121. ( ) 在 Microsoft Access 查詢視窗中，對以下 SQL 語法的敘述，下列何者不正確？ (3)
(1)資料表名稱是「訂單明細」　(2)「總金額」為自訂欄位名稱　(3)最後一列改為「ORDER BY 總金額;」，並不影響查詢結果　(4)1 個訂單代號只會出現 1 筆資料。

```
SELECT TOP 10 訂單明細.訂單代號, Sum(數量*價格) AS 總金額
FROM 訂單明細
GROUP BY 訂單明細.訂單代號
ORDER BY Sum(數量*價格);
```

122. ( ) 在 Adobe Photoshop 環境中，影像合成後，若要「保留影像的所有圖層」，應儲存成何類型檔案？ (4)
(1)JPEG　(2)GIF　(3)TIF　(4)PSD。

123. ( ) 在 Adobe Photoshop 工具箱中，選取「套索工具」後，下列何者不是選項列所提供的功能？ (4)
(1)增加至選取範圍　(2)從選取範圍中減去　(3)與選取範圍相交　(4)反轉選取。

124. ( ) 在 Microsoft Excel 環境中，若是儲存格格式設定為會計專用，小數位數為 2 位數，符號為$，並於該儲存格輸入「=sin(5)」(計算式約 sin(5)=-0.95892)，則出現結果應為？ (1)-0.96　(2)-$0.96　(3)-0.96$　(4)$-0.96。 (2)

125. ( ) 在 Microsoft Excel 2016 環境中，若在「工作表 1」的 D3 儲存格，定義公式為「=A$1+$B2*C$1」，將該儲存格複製至「工作表 3」工作表中的 F8 儲存格內，則 F8 儲存格內所定義之公式為下列何者？ (2)
(1)「=C$1+工作表 1!$B7*E$1」
(2)「=C$1+$B7*E$1」
(3)「=工作表 1!C$1+$B7*工作表 1!E$1」
(4)「=工作表 1!C$1+工作表 1!$B7*工作表 1!E$1」。

126. ( ) 在 Google 分享文件的試算表功能中，下列哪一個是 Microsoft Excel 所無法完成的？ (4)
(1)資料排序　(2)圖表製作　(3)函數運算　(4)線上問卷。

127. ( ) 在 Microsoft Excel 環境中，若「A1、A2、A3」儲存格中之值分別為「100、book、小明」，且 A6 儲存格內所定義之公式為「=Max(A1:A3)」，則 A6 儲存格內之值應為下列何者？ (1)
(1)100　(2)book　(3)小明　(4)#VALUE

128. ( ) 在 Micosoft Excel 環境中，若「A1、A2、A3」儲存格式中之值分別為「book、BOOK、大明」，且 A6 儲存格內所定義之公式為「=Min(A1:A3)」，則 A6 儲存格內之值應為下列何者？ (4)
(1)book　(2)BOOK　(3)大明　(4)0

129. ( ) Microsoft Office 2016 可以使用何種軟體來開啟 ODF 1.2 檔案？ (1)Microsoft Office 2016 支援 ODF 1.2，不需要使用額外軟體　(2)OpenXML/ODF Translator Add-ins for Office 4.0　(3)Firefox 36.0.1　(4)Android 5.0。 (1)

工作項目 2 應用軟體使用

130. ( ) 下列何者不是以 XML 為基礎的文件檔案？ (1)
    (1).doc　(2).docx　(3).odcm　(4).odt。

131. ( ) 下列關於 Office Open XML 的描述，何者為錯？ (1)是 Microsoft 所研發的檔案 (4)
    格式 (2)以 XML 為基礎 (3)通過成為 ISO/IEC 29500 國際標準 (4)Microsoft Office
    從 2003 版開始支援 Office Open XML。

132. ( ) 下列何者是 ISO 所通過的 ODF 國際標準？ (1)
    (1)ISO/IEC 26300　(2)ISO/IEC 29500　(3)ISO/IEC 27002　(4)ISO/IEC 646。

複選題

133. ( ) 下列應用軟體哪些屬於文書處理軟體？ (123)
    (1)Writer　(2)Pages　(3)Microsoft Word　(4)Dropbox。

    解析 Dropbox 是網路硬碟。

134. ( ) 下列應用軟體哪些屬於試算表軟體？ (123)
    (1)Calc　(2)Numbers　(3)Microsoft Excel　(4)Pages。

135. ( ) 下列應用軟體哪些屬於簡報軟體？ (134)
    (1)Keynote　(2)Google Chrome　(3)Microsoft PowerPoint　(4)Impress。

    解析 Google Chrome 是網頁瀏覽器。

136. ( ) 下列哪些應用軟體可以運作在 Mac 作業系統？ (134)
    (1)Office 365　(2)IE 10　(3)Numbers　(4)Impress。

137. ( ) 下列哪些應用軟體可以支援 XML 格式的文件檔？ (1)Microsoft Word 2016 (1234)
    (2)Microsoft Excel 2016 (3)Mac Pages 10.1 (4)Apache OpenOffice 4.1.7 Writer。

138. ( ) 關於 Microsoft Word 的排版間距說明，下列哪些不正確？ (34)
    (1)段落內兩行空白間隔=行距-字高　(2)段落間空白間隔=與下段距離+段落內兩行
    空白間隔 (3)行距是指一行文字底端到下一行文字的頂端 (4)同時按下 Shift+Enter
    鍵與按下 Enter 鍵一樣都可以加入段落間空白間隔。

    解析 行距是指一行文字的高度。同時按下 Shift+Enter 鍵是手動分行設定無法加入段落間空白間隔。

139. ( ) 關於 Microsoft Word 避頭尾字元的標準預設值，下列哪些字元不能置於行首？ (24)
    (1)左括號　(2)問號　(3)左引號　(4)冒號。

140. ( ) 在 Microsoft Word 中要製作一個統計折線圖，下列哪些作法無法完成？ (1)使用 (14)
    繪圖工具　(2)插入圖表　(3)複製 Microsoft Excel 製作之圖表　(4)利用快取圖案。

141. ( ) 在 Microsoft Word 中，下列哪些可以強迫換頁？ (1)按下 shift 鍵 (2)插入分節 (234)
    符號的下一頁選項　(3)插入分頁符號　(4)按下 Ctrl+Enter 鍵。

142. ( ) 下列哪些是 Microsoft Word 使用大綱模式與標題樣式來編輯長篇報告的好處？ (1234)
(1)可以很容易使用大綱工具列調整、調換章節順序所在處　(2)可以使用大綱模式檢視指定的標題階層　(3)可以完成目次製作、更改　(4)能與 Microsoft PowerPoint 整合，製作報告的簡報。

143. ( ) 下列哪些是 Microsoft PowerPoint 投影片內物件的動畫觸發時機？ (1234)
(1)按一下　(2)設定前動畫完成後 1 秒　(3)與前動畫同時　(4)接續前動畫。

144. ( ) 下列哪些是 Microsoft Word 與 Mac Pages 共同具有的功能？ (23)
(1)定義頁面邊框　(2)浮水印　(3)插入註腳　(4)插入數學公式。

145. ( ) 在 Microsoft Word 中，哪些鍵的組合是開啟「索引項目標記」視窗的快速鍵？ (134)
(1)Shift 鍵　(2)Ctrl 鍵　(3)Alt 鍵　(4)X 鍵。

146. ( ) 下列哪些是 Microsoft Word 與 Apache OpenOffice 共同具有的功能？ (1234)
(1)合併列印　(2)定義頁面邊框　(3)插入註腳　(4)插入數學公式。

147. ( ) Microsoft Word 可以自訂書籤，也有預設書籤，其中預設書籤的位置分為相對位置與絕對位置，下列哪些是絕對位置？ (13)
(1)\StartOfDoc　(2)\StartOfSel　(3)\EndOfDoc　(4)\Page。

148. ( ) Microsoft Word 可以自訂書籤，也有預設書籤，其中預設書籤的位置分為相對位置與絕對位置，下列哪些是相對位置？ (234)
(1)\StartOfDoc　(2)\StartOfSel　(3)\Cell　(4)\Page。

149. ( ) Microsoft Word 的自動圖文集功能，可以改用下列哪些功能變數來套用？ (23)
(1)AutoNumOut　(2)AutoText　(3)AutoTextList　(4)Compare。

150. ( ) Microsoft Word 標號設定所使用的功能變數是 SEQ，最適用於文章報告中哪些物件的標示？ (123)
(1)方程式　(2)表格　(3)圖形　(4)參考文獻。

151. ( ) Microsoft Excel 資料分析中的敘述統計包含下列哪些數值？ (1234)
(1)平均值　(2)標準差　(3)變異數　(4)平均信賴度。

152. ( ) 在 Microsoft Excel 的函數中，下列哪些是常態分佈類型的函數？ (1)NORMDIST (2)NORMINAL (3)NORMSDIST (4)NORMSINV。 (134)

153. ( ) 下列哪些瀏覽器支援 HTML5 與 CSS3？ (134)
(1)Opera 19　(2)IE 9　(3)Firefox 27.0　(4)Google Chrome 32.0。

154. ( ) 下列哪些瀏覽器有開放原始碼？ (134)
(1)Opera　(2)Safari　(3)Firefox　(4)Chromium。

解析　Firefox 是 Mozilla 提供的。

155. ( ) 下列哪些瀏覽器可以在 Microsoft Windows 與 Mac 作業系統兩平台上執行？ (1234)
(1)Opera　(2)Edge　(3)Firefox　(4)Google Chrome。

156. ( ) 下列應用軟體中，何者屬於資料庫軟體？ (234)
(1)Page　(2)Oracle　(3)Microsoft SQL Server　(4)MySQL。

157. ( ) 下列應用軟體中，何者屬於影像處理軟體？ (123)
(1)Photoshop　(2)Illustrator　(3)Painter　(4)Access。

> 解析：Access 是資料庫系統。

158. ( ) 在關聯式資料庫系統中，SELECT…FROM…句型是主要的資料搜尋指令，下列哪些子句是可以使用在 SELECT 句型中的語法？ (234)
(1)SET　(2)WHERE　(3)ORDER BY　(4)GROUP BY。

> 解析：
> ORDER BY 資料排序。
> WHERE 指定條件進行資料篩選。
> HAVING 利用函數產生的值來設定條件。
> GROUP BY 群組欄位資料。

159. ( ) 在電子郵件寄送時，可以進行加密設定，沒有收件者的私鑰來進行解密將無法看到內容，下列何者是被郵件加密所保護的內容？ (34)
(1)收件者帳號　(2)主旨　(3)附加檔案　(4)郵件內容。

160. ( ) 小明收到一封被列為密件副本的電子郵件，則小明可以看到這份郵件的哪些收件者？　(1)正本收件者　(2)副本收件者　(3)小明自己的郵件地址　(4)其他密送副本的收件者。 (12)

161. ( ) 在關聯式資料庫系統中，SQL 語言包含哪些類型？ (124)
(1)DDL　(2)DML　(3)DHL　(4)DCL。

> 解析：
> • 資料控制語言 DCL (Data Control Language)控制交易進行方式及設定資料庫存取權限。
> • 資料定義語言 DDL (Data Definition Language)定義資料型態、長度及關係。
> • 資料處理語言 DML (Data Manipulation Language)處理資料的相關語法。

162. ( ) 在關聯式資料庫系統中，資料表的主鍵 (Primary Key) 應具備哪些特性？ (124)
(1)識別記錄的唯一性　(2)非空值(Not Null)　(3)必須是數值　(4)不可以重複。

163. ( ) 在關聯式資料庫系統中，哪些指令會造成資料表紀錄的刪除？ (123)
(1)DELETE TABLE　(2)DROP TABLE　(3)TRUNCATE TABLE　(4)ERASE TABLE。

164. ( ) 對於關聯式資料庫中的視界(View)，下列哪些敘述是正確的？　(1)可以合併多個資料表成為一個視界　(2)可以選擇使用不同資料表中的不同欄位組成視界　(3)視界只能從資料表中取得資料　(4)視界可以隱藏來源資料表的欄位資訊。 (124)

165. ( ) Microsoft Word 2016 中，儲存格無法填入下列哪些網底？ (123)
(1)圖片　(2)漸層　(3)材質　(4)佈景主題色彩。

166. ( ) 下列何者是物件導向資料庫管理系統的特性？ (134)
(1)資料獨立性 (2)資料正規化 (3)定義類別屬性 (4)封裝。

167. ( ) 在 Photoshop 中，在選取內容範圍時，哪些工具不會使用顏色接近方法來做判別？ (234)
(1)魔術棒工具 (2)套索工具 (3)矩形工具 (4)筆刷工具。

168. ( ) 在一般的影像處理軟體中，有哪些色彩屬性？ (123)
(1)色相(Hue) (2)飽和度(Saturation) (3)亮度(Lightness) (4)解析度(Resolution)。

169. ( ) 對於影像的處理及使用，哪些影像處理模式的描述為正確？ (12)
(1)Photoshop 是點陣影像為主，向量影像為輔
(2)Illustrator 是向量影像為主，點陣影像為輔
(3)Photoshop 是向量影像為主，點陣影像為輔
(4)Illustrator 是點陣影像為主，向量影像為輔。

170. ( ) 下列何者是 P2P 下載軟體？ (234)
(1)FTP (2)eMule (3)Bit Torrent (4)FOXY。

> **解析** FTP 是檔案傳輸協定。

171. ( ) 當使用者連上網路後，打開瀏覽器時，發現不斷跳出國外廣告內容，下列何者非造成這個現象的可能原因？ (134)
(1)硬碟剩餘空間不足 (2)首頁綁架 (3)網路頻寬不足 (4)網路守門員。

172. ( ) 下列哪些是 Microsoft Word 可以編修檔案的副檔名？ (234)
(1)docs (2)docx (3)doc (4)rtf。

173. ( ) 網站上的網頁可以包含下列哪些項目？ (134)
(1)Javascript (2)向量圖檔 (3)超連結(Hyper Links) (4)CSS。

174. ( ) 關於 Microsoft Access 表單設計的敘述，下列哪些正確？ (1)切換至版面配置檢視可以修改表單 (2)在資料表欄位名稱按一下即可修改其名稱 (3)可以自由變更欄位大小 (4)可以套用佈景主題以變更樣式。 (134)

175. ( ) 有關藍芽(Bluetooth)技術的敘述，下列哪些正確？ (1)主要使用紫外線傳輸 (2)常應用於手機或筆記型電腦 (3)可作為短距離無線傳輸媒介 (4)具有傳輸夾角的限制。 (23)

> **解析** 藍牙主要使用無線電傳輸，傳播方向為無向性。

176. ( ) 資料庫交易管理所提之 ACID 包含下列哪些項目？ (234)
(1)Automatic (2)Consistency (3)Durability (4)Isolation。

> **解析**
> - 交易(Transaction)應該具有的特性包括：Atomicity、Consistency、Isolation、Durability。
> - 單元性（Atomicity）確保一筆交易只有兩種狀態：成功，每一項作業都成功；失敗，每一項作業都取消，所有的資料都恢復到交易前的模樣。

- 一致性（Consistency）確保交易前與交易後資料庫系統的狀態都是一致的（Consistent State）：資料具備完整性、沒有 Race Condition。
- 獨立性（Isolation）確保同時進行的交易不互相影響。
- 永久性（Durability）確保交易一旦 Commit，其結果將永遠正確地保存在資料庫系統內。

177. ( ) 下列哪些不是概念資料模型？ (1)網路式資料庫模型 (2)階層式資料庫模型 (3)關聯式資料庫模型 (4)實體關聯模型。 (123)

178. ( ) 下列哪些是關聯式資料庫的組成要素？ (123)
(1)資料表 (2)Meta Data (3)索引 (4)管理軟體。

179. ( ) 下列哪些是資料庫正規化的目的？ (1)除去重複性資料 (2)資料不分類別集中在一起處理 (3)以數個不重複的資料表儲存資料 (4)確保資料的相依關係。 (134)

180. ( ) 下列哪些是 Web Page 的開發技術？ (123)
(1)ASP.Net (2)JavaScript (3)PHP (4)ISP。

【解析】
- PHP：全名為 Hypertext Preprocessor，一種 HTML 嵌入式描述語言，能使網站開發者可以快速地撰寫動態網頁。它通常以模組(module)的形式和 Apache 伺服器結合，提供跨平台(cross-platform)多種連結資料庫的介面，如 MySQL、Sybase、Informix 等。它是屬於自由軟體，可免費用於商業或非商業性質用途。
- ASP：全名為 Active Server Pages，是微軟製作動態網頁的規格之一，語法自由，連結 Windows 作業系統下各種資料庫的運作相當容易。
- ISP：全名為 Internet Service Provider。

181. ( ) Microsoft Word 中，下列哪些情況可以進行兩表格合併？ (124)
(1)表格寬度不一致 (2)表格欄數不一致 (3)文繞圖的表格 (4)表格欄寬不一致。

182. ( ) 下列哪些圖檔格式常應用於網站？ (134)
(1)GIF (2)PSD (3)JPEG (4)PNG。

【解析】PSD 是 Photoshop 的圖檔，僅用於編輯用，無法網站上流通的圖檔格式。

183. ( ) 下列哪些是資料探勘(Data Mining)的應用？ (123)
(1)根據過去屬性觀察值來預測該屬性之未來值
(2)按照屬性分門別類建立類組
(3)使用統計分析方法尋找資料中有用的特徵及關連性
(4)協助尋找遺漏的歷史資料。

184. ( ) 在 Microsoft Excel 中，下列哪些是可以執行復原的動作？ (1234)
(1)刪除物件 (2)設定儲存格格式 (3)刪除儲存格 (4)另存新檔。

工作項目 3 系統軟體應用

單選題

1. (2) 在 Windows 10 作業系統的「控制台」中,印表機設定應該是在哪一項?
   (1)系統及安全性 (2)硬體和音效 (3)網路和網際網路 (4)外觀及個人化。

2. (1) 在 Windows 10 作業系統中,下列有關「裝置管理員」的敘述何者不正確?
   (1)可以顯示所安裝的軟體
   (2)如果某種硬體的圖示上有一個叉號,則代表該硬體不正確
   (3)如果硬體圖示上有一個帶有圓圈的驚嘆號,則代表該硬體有故障
   (4)可以更新硬體的驅動程式。

   解析 可以顯示所安裝的「硬」體。

3. (4) 在 Windows 10 作業系統中,下列「檔案副檔名」的敘述何者不正確? (1)組態設定值檔案的副檔名為.INI (2)系統檔案的副檔名為.SYS (3)輔助說明檔案的副檔名為.HLP (4)驅動程式檔案的副檔名為.DDL。

   解析 驅動程式檔案的副檔名應為.DRV。DDL 是動態資料連結檔。

4. (3) 在 Windows 10 作業系統中,有關「檔案總管」的「瀏覽窗格」操作,下列敘述何者正確? (1)按右鍵選取「本機」,可以顯示本電腦所有磁碟機使用狀況 (2)按右鍵選取「我的電腦」,在快顯功能表中選「內容」,相當於選「控制台」中的「系統」 (3)按右鍵選取「資源回收筒」,在快顯功能表中選「內容」,可以設定「資源回收筒」的容量 (4)按右鍵選取「網路上的芳鄰」,在快顯功能表中選「內容」,相當於選「控制台」中的「網路連線」。

   解析 資料夾中的檔案,可以搬移到「資源回收筒」資料夾中。

5. (1) 在 Windows 10 作業系統中,想要變更貨幣符號表示方式,應該是在「控制台」中的哪個選項內變更?
   (1)時鐘和區域 (2)外觀及個人化 (3)硬體和音效 (4)系統及安全性。

6. (2) 在 Windows 10 作業系統的「裝置管理員」若是出現三角黃底驚嘆號的圖示,下列何者處理無法排除此異常?
   (1)按滑鼠右鍵,選擇 "解除安裝"
   (2)重新開機
   (3)若是 USB 藍芽裝置,將 USB 藍芽接收器拔下來,再重新接上電腦
   (4)重新安裝驅動程式。

   解析
   - ！(驚嘆號):裝置位址發生衝突,需重新設定位址。
   - ？(問號):無法辨識裝置。
   - 紅色打叉符號:停用裝置。
   - 若是重複安裝兩個驅動程式,會同時顯示兩個相同裝置,不會顯示任何符號。

工作項目 3 系統軟體應用

7. ( ) 在 Windows 10 作業系統中，關於「將電腦設定為多使用者使用」的敘述，下列何者不正確？　(1)可以對不同使用者顯示不同的「我的最愛」資料夾中的項目　(2)可以將本機電腦上的印表機分享給其他使用者　(3)對於共用的資料夾，則只能以唯讀方式使用該資料夾　(4)允許其他使用者從遠端電腦管理本機電腦的檔案和印表機。　(3)

解析 共用的資料夾提供「唯讀」及「變更」權限。

8. ( ) 在 Windows 10 作業系統中，關於「電源管理」是以電源計畫為主，下列何者不是預設電源計畫？
(1)平衡型計畫　(2)高效能型計畫　(3)省電型計畫　(4)低電量型計畫。　(4)

9. ( ) 在 Windows 10 作業系統的「工作排程器」中，設定「安排的工作」，下列敘述何者不正確？　(1)工作可以安排在關機時同時執行　(2)工作可以安排在每天、每星期、每月的固定時刻執行　(3)工作可以安排在電腦啟動或空閒時執行　(4)提供檢視安排工作執行情形的記錄檔。　(1)

10. ( ) 下列哪個作業系統是專為觸控式操作設計？
(1)Windows 7　(2)CentOS　(3)Windows RT 8.1　(4)Windows 8.1。　(3)

11. ( ) 在 Windows 10 作業系統中，如果容易發生系統資源不足，下列何者無法改善這種現象？　(1)降低色彩顯示模式　(2)增加記憶體　(3)增加硬碟空間　(4)選用電源選項中的「省電計畫」。　(4)

解析 系統資源指的是主記憶體與輔助記憶體的配置，與電源無關。

12. ( ) 在 Windows 10 作業系統中，關於「尋找」功能，下列敘述何者不正確？　(1)可以尋找特定資料夾　(2)可以尋找網際網路上的社群好友　(3)可以依電腦名稱尋找特定電腦　(4)可以尋找通訊錄中的特定人員。　(2)

13. ( ) 在 Windows 10 作業系統中，如果要依條件尋找檔案，下列敘述何者不正確？
(1)可以依檔案日期尋找　(2)可以依檔案大小尋找　(3)可以依檔案屬性尋找　(4)可以依檔案類型尋找。　(3)

14. ( ) 下列何者是一種使用者可自行訂閱、下載及發布的網路廣播技術？
(1)RTSP　(2)Podcast　(3)Flv　(4)RTP。　(2)

15. ( ) 在 Windows 10 作業系統中，用來搜尋硬碟，並列出可以安全刪除的暫時檔、Internet 快取檔與不必要的程式檔，以協助釋放硬碟空間，應該執行以下哪一個程式？
(1)磁碟清理　(2)磁碟掃描工具　(3)磁碟壓縮工具　(4)磁碟重組程式。　(1)

16. ( ) 下列關於 Windows 作業系統中的 BitLocker 的敘述何者為誤？
(1)可以針對磁碟機加密　(2)可以針對檔案加密　(3)可以針對隨身碟加密　(4)Windows 10 Professional 版就有提供此功能。　(2)

17. ( ) 在 Windows 10 作業系統中,如果按一次 Ctrl+Alt+Del,會發生以下何者狀況? (1)重新開機 (2)關機 (3)出現「鎖定」、「切換使用者」、「登出」、「工作管理員」等 (4)出現工作管理員視窗。 (3)

18. ( ) 在 Windows 作業系統中,用來偵測本端主機和遠端主機間的網路是否為連通狀態,可以使用以下哪個指令? (1)ping (2)ipconfig (3)telnet (4)route。 (1)

19. ( ) 在 Windows 作業系統中,要查詢本機電腦在網路上的 TCP/IP 組態設定值,應使用哪一個指令? (1)ping (2)route (3)telnet (4)ipconfig。 (4)

20. ( ) 在 Windows 作業系統中,通常觀察光碟片中檔案的屬性,必具備以下哪一種屬性? (1)唯讀 (2)保存 (3)隱藏 (4)系統。 (1)

21. ( ) 在 Windows 作業系統中,如果檔案是屬於系統檔案,則該檔案的預設屬性,下列何者不正確? (1)系統 (2)唯讀 (3)隱藏 (4)保留。 (4)

22. ( ) 下列關於 Windows 10 的動態磚管理何者為誤? (1)動態磚大小可分為大寬中小四種大小 (2)動態磚可以依據自己需求群組化,並自訂群組名稱 (3)動態磚可以以名稱與副檔名排序 (4)動態磚位置無法搬移。 (4)

23. ( ) 在 Windows 作業系統中,關於「螢幕解析度」的敘述,下列何者不正確? (1)解析度的設定值和電腦所插的顯示卡有關 (2)設定解析度愈高,則螢幕上的物件愈小 (3)解析度 640X480,後一個數值 480 是指水平方向的像素個數 (4)設定解析度愈小,則螢幕上的物件愈少。 (3)

解析 解析度 640×480 中,640 代表水平像素,480 代表垂直像素。

24. ( ) 在 Windows 10 作業系統中,如果要對不同使用者設定個人化的項目,下列何者不在設定範圍? (1)桌面資料夾 (2)「我的最愛」資料夾 (3)所顯示的字型 (4)「文件」資料夾。 (3)

25. ( ) 在 Windows 10 作業系統中,最簡單的動態磚管理是於動態磚上按滑鼠右鍵出現的選單,下列何者不是選單中會出現的選項? (1)移動動態磚 (2)調整大小 (3)解除安裝 (4)關閉動態磚。 (1)

26. ( ) 在 Windows 10 作業系統中,如果要針對不同使用者設定個人化的項目,可在「控制台」的哪一個項目中設定? (1)網路 (2)外觀及個人化 (3)密碼 (4)資料夾選項。 (2)

27. ( ) 下列何者是 Windows 10 專業版作業系統直接支援的虛擬機系統? (1)VMWare (2)Xen (3)VBox (4)Hyper-V。 (4)

28. ( ) 在 Windows 作業系統中,如果想要切換使用中的應用軟體,可以使用以下哪一個按鍵? (1)Alt+Tab (2)Shift+Alt (3)Ctrl+Alt (4)Ctrl+Shift。 (1)

> **解析** [Alt] + [Tab]：切換應用軟體或工作畫面。
> [Ctrl] + [Shift]：切換輸入法。
> [Ctrl] + [Tab]：是 Tab 的反向操作。

29. ( ) 在 Windows 10 專業版作業系統啟動虛擬機前，必須啟動 BIOS 中何項方可使用 Hyper-V 虛擬機？　(1)ECP DMA Select　(2)Intel VT(Virtualization Technology)　(3)Processor Core Disable　(4)HW Prefetcher。　(2)

30. ( ) RPM 是 RedHat 所提出的檔案包裝規格，對於一個名稱為 rpptfoes-8.1-1.1.1.noarch.rpm 的 RPM 檔案，下列敘述何者正確？　(1)是 PowerPC 系統專用　(2)是 64 位元主機專用安裝檔　(3)不限特定主機皆可安裝　(4)是 Intel 相容指令集專用。　(3)

31. ( ) 在 Windows 10 作業系統中，對於系統的日期與時間，則以下敘述何者正確？ (1)每次開機要重新設定　(2)當機後才要重新設定　(3)只能使用人工修正日期時間　(4)內定網際網路時間與 time.windows.com 同步處理。　(4)

32. ( ) 在 Windows 10 作業系統中，如果要設定電腦在連續 15 分鐘未被使用時，會自動關閉硬碟電源，應該在「控制台」中何處設定？ (1)硬體和音效　(2)系統及安全　(3)外觀及個人化　(4)使用者帳戶和家庭安全。　(2)

33. ( ) 在 Windows 作業系統中，要對 Registry 進行本機或遠端編輯，應使用以下哪一種軟體？ (1)系統原則編輯程式　(2)登錄編輯程式　(3)系統資源程式　(4)資源監視程式。　(2)

> **解析** Registry：登錄作業。

34. ( ) 在 Windows 作業系統中，如果執行「命令提示字元」後，要關閉、並回到 Windows 中，則應輸入哪一個指令？ (1)stop　(2)exit　(3)windows　(4)end。　(2)

35. ( ) 在 Windows 作業系統中，若覺得電腦的執行效率不理想，想追蹤哪個地方出了問題，可以使用下列何者以作為偵錯的監視器？ (1)硬體監視器　(2)工作管理員　(3)磁碟監視器　(4)資源監視器。　(2)

36. ( ) 在 Windows 作業系統中，如果要使您的電腦具備「隨插即用」的功能，電腦必須使用「隨插即用」的哪一個元件去設定？ (1)ROM　(2)RAM　(3)BIOS　(4)CPU。　(3)

> **解析** Windows 電腦要使用「隨插即用」功能，必須透過 BIOS 將「隨插即用」設定開啟，電腦才具備「隨插即用」功能。

37. ( ) 下列何者不是 Windows 10 專業版支援 Hyper-V 3.0 R2 虛擬機系統的虛擬機映像檔？ (1)v2v　(2)vhd　(3)vhdx　(4)vdi。　(1)

38. （ ）在 Windows 作業系統中，如果要設定一個使用者帳戶可以改變檔案內容及刪除檔案，則應由以下何者中設定？ (3)
(1)使用者網域　(2)使用者群組　(3)使用者權限　(4)使用者權利原則。

39. （ ）在 Windows 10 作業系統中，在設定使用者帳戶的使用權限時，如果要設定使用者可以查看檔案內容、執行程式、改變檔案的內容、刪除檔案及改變檔案使用權限及變更所有權，應設定為下列哪一種權限？ (1)
(1)完全控制　(2)不允許存取　(3)變更　(4)讀取。

解析　完全控制：可以查看檔案內容、執行程式、改變檔案的內容、刪除檔案及改變檔案使用權限及變更所有權。

40. （ ）在 Windows 10 作業系統中，在設定使用者帳戶的使用權限時，如果要設定使用者可以查看檔案內容、執行程式、改變檔案的內容、刪除檔案，但無法改變檔案使用權限及變更所有權，應設定為下列哪一種權限？ (3)
(1)完全控制　(2)不允許存取　(3)變更　(4)讀取。

解析　變更：可以查看檔案內容、執行程式、改變檔案內容、刪除檔案，但無法改變檔案使用權限及變更所有權。

41. （ ）在 Windows 作業系統中，如果在使用 TCP/IP 通訊協定時，要動態管理 IP 位址，則應架設以下哪一種系統？ (3)
(1)視窗網際網路名稱服務 WINS(Windows Internet Name Service)
(2)網域名稱伺服器 DNS(Domain Name Server)
(3)動態主機配置協定 DHCP(Dynamic Host Configuration Protocol)
(4)應用伺服器(Application Server)。

42. （ ）在 Windows 作業系統中，下列哪一種系統負責整個網域中所有帳號和資源的管理中心？ (4)
(1)動態主機配置協定 DHCP(Dynamic Host Configuration Protocol)
(2)網域名稱伺服器 DNS(Domain Name Server)
(3)網域備份控制站 BDC(Backup Domain Controller)
(4)網域主控制站 PDC(Primary Domain Controller)。

43. （ ）Android 開發工具不支援下列哪一個作業系統？ (1)
(1)FreeBSD　(2)Linux　(3)Windows　(4)mac OS。

44. （ ）下列何者是 Google 所提供的 Android 開發工具？ (2)
(1)Android Programming Editor　(2)Android Development Toolkit
(3)Android Programming Toolkit　(4)Android Development Editor。

45. （ ）在 Unix 作業系統中，如果想要更改某一個檔案的名稱，可以使用以下哪一個命令？ (2)
(1)rm　(2)mv　(3)more　(4)ls。

解析

rm：刪除檔案。　　　　　　　mv：搬移檔案或更改檔名。
more：一次顯示一頁。　　　　ls：顯示檔案目錄。
chmod：改變檔案存取權限。　　pwd：顯示目前所在目錄。
cp：複製檔案。　　　　　　　lp：列印檔案。
passwd：變更密碼。　　　　　who：誰在線上。
adduser：新增使用者帳號。　　su：以另一個使用者帳號登入。

46. ( ) 在 Unix 作業系統中，如果想要刪除某一個檔案，可以使用以下哪一個命令？ (1)
(1)rm　(2)mv　(3)del　(4)erase。

47. ( ) 在 Unix 作業系統中，欲列出目前已 LOGIN 系統的使用者，可使用下列哪一個指令？　(1)who　(2)ls　(3)pwd　(4)mv。 (1)

48. ( ) 在 Unix 作業系統中，想要列出所有檔案(包括隱藏檔)，應使用以下哪一個命令？ (1)
(1)ls -a　(2)DIR/a　(3)ls -l　(4)ls -c。

解析

ls-a：a 代表 all，列出所有檔案，包括隱藏檔。
ls-l：long，列出檔案詳細資訊。

49. ( ) 在 Unix 作業系統中，想要搜尋某個或多個指定的檔案，可使用以下哪一個指令？ (1)
(1)find　(2)DIR　(3)more　(4)cp。

50. ( ) 在 Unix 作業系統中，如果想要瀏覽某一文書檔的內容，可以使用以下哪一個命令？ (2)
(1)type　(2)more　(3)dir　(4)ls。

解析

type：(DOS 指令)顯示文件內容。
dir：(DOS 指令)顯示檔案目錄。
erase、del：(DOS 指令)刪除檔案。

51. ( ) 在 Linux 作業系統中，下列哪一個指令可列出目錄的內容？ (1)
(1)ls　(2)pwd　(3)cp　(4)ln。

52. ( ) 關於「Linux 作業系統」之敘述，下列何者錯誤？　(1)Linux 作業系統與 UNIX 作業系統相容　(2)不支援 TCP/IP 通訊協定　(3)Linux 作業系統有提供免費的原始程式碼　(4)可以在 IBM-PC 及相容的個人電腦上被安裝並執行。 (2)

53. ( ) 在 Linux 作業系統中，下列哪一個指令可新增使用帳號？ (4)
(1)passwd　(2)su　(3)pwd　(4)adduser。

54. ( ) 在 Linux 作業系統中，下列哪一個指令可顯示網路介面的情形？ (1)
(1)ifconfig　(2)dmesg　(3)hostname　(4)cat。

55. ( ) 當開啟電腦後，將作業系統載入記憶體中的是下列何者？ (4)
(1)組譯程式(Assembler)　(2)編譯程式(Compiler)　(3)使用者開發程式(User Developed Program)　(4)啟動程式(Initial Program Loader)。

解析

組譯程式(Assembler)、編譯程式(Compiler)、使用者開發程式(User Developed Program)，均與程式開發有關，故非屬於系統載入程式。

56. ( ) 關於「作業系統」的敘述，下列何者不正確？ (1)作業系統通常燒錄在主機板中 (2)作業系統也是一套程式 (3)作業系統的目的在於讓使用者可以更有效的使用計算機系統 (4)使用者可以透過作業系統執行低階的操作。 (1)

解析 作業系統通常都是經由安裝程式植入電腦中，也就是作業系統通常安裝於硬碟中。

57. ( ) 在系統軟體中，透過下列何種技術可以使用軟體與記憶體來提供快速的儲存裝置？ (1)抽取式硬碟(Removable Disk) (2)虛擬磁碟機(Virtual Disk) (3)延伸記憶體(Extended Memory) (4)虛擬記憶體(Virtual Memory)。 (2)

解析 虛擬磁碟機(Virtual Disk)：是一種將電腦記憶體分割出一個記憶體區塊，虛擬成一個磁碟來做暫時使用，可以在檔案多點下載使用時，避免在多點存取時傷害到硬碟。

58. ( ) Open Office 套裝軟體的「Impress 簡報軟體」存檔的預設副檔名為何？ (1).ppt (2).txt (3).sxw (4).sxi。 (4)

解析 PowerPoint 的副檔名有「.pps」、「.ppt」。
Impress 簡報檔之副檔名有「.sxi」。
Write 之副檔名有「.sxw」。
純文字檔之副檔名有「.txt」。

59. ( ) 下列何者不是作業系統的功能？
(1)輸出/入裝置的管理 (2)處理的管理 (3)輸入法的管理 (4)記憶體的管理。 (3)

解析 輸入法屬於應用軟體。
作業系統的主要功能有提供使用者介面、管理系統資源(如行程管理、檔案系統管理、輸出入裝置、記憶體管理等)、提供程式執行的環境及系統呼叫服務。

60. ( ) 銀行的每半年一次的計息工作，適合使用下列哪一種作業式？
(1)即時處理作業 (2)交談式處理作業 (3)批次處理作業 (4)平行式處理作業。 (3)

61. ( ) 同時處理多個使用者的要求，但每個使用者輪流分配到 CPU 一小部分時間，這種處理作業是屬於下列何項？
(1)分時處理作業 (2)平行式處理作業 (3)分散式處理作業 (4)批次處理作業。 (1)

62. ( ) 依照磁碟的結構，各種單元作佔的空間大小，下列何者正確？ (1)磁軌＞磁柱＞磁區＞叢集 (2)磁柱＞叢集＞磁軌＞磁區 (3)叢集＞磁柱＞磁軌＞磁區 (4)磁柱＞磁軌＞叢集＞磁區。 (4)

63. ( ) 硬碟結構中的系統區，檔案的真實位置被完整記錄在哪一區中？
(1)硬碟分割區 (2)檔案配置區 (3)根目錄區 (4)啟動區。 (2)

解析 檔案配置區(FAT, File Allocated Table)，記錄檔案在磁碟中所在實體位置。

64. ( ) 有一部電腦作為伺服器，扮演中央控制的角色，伺服器負責管理與控制所有的通訊動作的網路拓樸邏輯，這是哪一種網路架構？ (1)環狀(Ring)架構 (2)網狀(Netware)架構 (3)匯流排(Bus)架構 (4)星狀(Star)架構。 (4)

解析
- 環狀(Ring)架構：把電腦以環狀方式連接，如游泳圈狀。當電纜線受損斷裂時，會導致整個網路或部分網路的損毀。
- 網狀(Mesh)架構：網狀架構是網路架構中安全性最高的一種。二部電腦之間存著不只一條的通路，即使某一條電纜線損毀，也可以利用其他的通路來傳送資料。
- 匯流排(Bus)架構：將所有電腦經由一條主幹線串接起來。
- 星狀(Star)架構：把所有節點連接至一個中心設備。

65. ( ) 下列何者是將所有電腦經由一條主幹線連接起來的網路拓樸邏輯？ (1)
(1)匯流排(Bus)架構　　(2)星狀(Star)架構
(3)環狀(Ring)架構　　(4)網狀(Netware)架構。

66. ( ) 由內、外兩層導體和一層絕緣材料所組成，最外層再包裹著保護的外皮，這是哪一種傳輸媒介？ (1)光纖 (2)雙絞線 (3)同軸電纜 (4)單芯線。 (3)

67. ( ) 作為信號放大與整波之用，只管網路的電氣部份，對於所傳輸的資料並不在意，只要在線上傳輸的訊號皆會被放大，並送往另一個區段的是哪一種裝置？ (1)集線器(HUB) (2)訊號增益器(Repeater) (3)橋接器(Bridge) (4)路由器(Router)。 (2)

68. ( ) 用來管理網路設備的最小單位，可以將網路設備集中管理，避免有問題的區段影響整個網路運作的是哪一種裝置？ (1)集線器(HUB) (2)訊號增益器(Repeater) (3)橋接器(Bridge) (4)路由器(Router)。 (1)

69. ( ) 下列哪一種裝置可以讓二個相同類型的網路互相通訊？ (1)集線器(HUB) (2)訊號增益器(Repeater) (3)橋接器(Bridge) (4)路由器(Router)。 (3)

70. ( ) 下列哪一種裝置可以建立路徑選擇表，以記錄相關網路工作站的位址，幫助子網路內的封包以最有效率的方式選擇路徑？
(1)集線器(HUB) (2)訊號增益器(Repeater) (3)橋接器(Bridge) (4)路由器(Router)。 (4)

71. ( ) 下列何者不屬於區域網路標準？ (4)
(1)Ethernet (2)Token Ring (3)ARCnet (4)Seednet。

解析 Seednet為網路服務供應商數位聯合數據公司的網際網路，不是區域網路的標準。

72. ( ) 關於電子郵件(Email)的敘述，下列何者不正確？ (1)
(1)郵件一經寄出，即使郵件伺服器有問題，也不會被退信
(2)可以一次將一封郵件同時發送給多個收件者
(3)寄件伺服器可以是任一部郵件伺服器，收件伺服器必須是郵件帳號所屬的伺服器
(4)寄送郵件是指將郵件寄至收件者所屬的伺服器而非電腦中。

73. ( ) 關於 HTML 的敘述，下列何者不正確？ (3)
(1)HTML 檔中的指令是在文件中插入標註
(2)HTML 檔是以標準文字檔格式儲存
(3)HTML 檔是供新聞群組 news 使用的
(4)HTML 檔可供 client 端瀏覽器使用顯示網頁之用。

74. ( ) 在 Windows 10 線上採購軟體，此線上市場稱為？ (2)
(1)Google Play　(2)Microsoft Store　(3)APP Store　(4)APP 市集。

75 ( ) 關於 WWW 的敘述，下列何者不正確？ (1)
(1)無法顯示本機中資料夾的網頁
(2)可以顯示多媒體資訊
(3)在超連結點上按一下滑鼠左鍵，可以連結到別的網頁
(4)在 WWW 網頁上所顯示的內容，是使用 HTML 檔案格式。

76. ( ) 下列哪一項與網際網路 Web 程式設計無關？ (3)
(1)超文件標示語言 HTML(Hyper Text Markup Language)
(2)可擴展標示語言 XML(Extensible Markup Language)
(3)資料操作語言 DML(Data Manipulation Language)
(4)標準通用標示語言 SGML(Standard Generalized Markup Language)。

解析 資料操作語言 DML(Data Manipulation Language)是屬於資料庫系統的語言。

77. ( ) 已知「ANSI-SPARC Architecture(American National Standards Institute-Standards (4)
Planning And Requirements Committee) for DataBases」為一種資料庫管理系統
DBMS(Database Management System)，請問下列哪一層不是該資料庫所制定的資
料庫系統架構層？
(1)外部層(External Level)　　　(2)概念層(Conceptual Level)
(3)內部層(Internal Level)　　　(4)實體層(Physical Level)。

解析 ANSI-SPARC 資料庫系統架構共有三層，如下說明之。
(1)內部層(Internal Level)：實際儲存資料的結構
(2)外部層(External Level)：使用者看得到的使用者介面。
(3)概念層(Conceptual Level)：為內部層與外部層之間的橋樑，為資料庫管理師(DBA)
　所看到的部分。

78. ( ) 有關 SQL 之敘述中，下列何者不是其可表達的語言？ (1)
(1)資料迴圈語言 DLL(Data Loop Language)
(2)資料控制語言 DCL(Data Control Language)
(3)資料操作語言 DML(Data Manipulation Language)
(4)資料定義語言 DDL(Data Definition Language)。

解析
• 資料控制語言(Data Control Language)控制交易進行方式及設定資料庫存取權限。
• 資料定義語言(Data Definition Language)定義資料型態、長度及關係。
• 資料處理語言(Data Manipulation Language)處理資料的相關語法。

79. ( ) 已知「某校的某一系內有多名教授，其中每一位教授可教多門課程，且每一門課 (2)
程也可由多名教授授課」，則在「資料庫管理系統」中，上述「教授與課程之間
的對應關係」應屬於下列哪一種關係？
(1)一對一　(2)多對多　(3)一對多　(4)多對一。

80. ( ) 在 Windows 10 作業系統下,其「相片」的功能為何? (1)
(1)檢視、編輯、組織與共用您的圖片及視訊
(2)使用視訊、數位圖片以及音樂製作您的電影
(3)存放電子郵件地址和其他關於人與機構的資訊
(4)控制這部電腦的圖形硬體功能。

81. ( ) 在 Windows 10 作業系統下,其「控制台」中「Windows Defender 防火牆」的功 (1)
能為何?
(1)設定防火牆安全選項,保護電腦不受駭客及惡意軟體的侵害
(2)變更此電腦的主題設定
(3)掃描您的電腦是否有垃圾軟體、排程掃描,並且取得最新的垃圾軟體
定義
(4)為共用這部電腦的人變更使用者帳戶設定和密碼。

82. ( ) 在 Windows 10 作業系統下,「Windows Update」的功能為何? (2)
(1)Windows 升級
(2)檢查是否有軟體及驅動程式更新、選擇自動更新設定,或是檢視已安裝的更新
(3)解除安裝或變更您電腦上的程式
(4)變更搜尋時 Windows 建立檔案索引的方式。

83. ( ) 在 Windows 10 作業系統下,「效能監視器」的功能為何? (2)
(1)檢視關於您電腦的詳細資料,以及變更硬體、效能及遠端連線的設定
(2)即時或從記錄檔案檢視效能資料
(3)便利和經濟的 Windows 升級
(4)檢視和更新硬體的設定及驅動程式軟體。

84. ( ) 在 Windows 10 作業系統下,「檢視所有問題報告」的功能為何? (3)
(1)備份並還原您的檔案和系統設定
(2)取得有關您電腦的速度及效能的詳細資料,如果有任何解決方案能解決效能問
題,Windows 就會通知您
(3)檢查線上是否有軟體問題的解決方案、選擇報告設定,並且查看電腦的問題報
告
(4)檢視關於您電腦的詳細資料,以及變更硬體、效能及遠端連線的設定。

解析
1.「問題報告及解決方案」的功能為檢查線上是否有軟體問題的解決方案、選擇報
告設定,並且查看電腦的問題報告。
2.「系統還原」的功能為備份並還原您的檔案和系統設定。

85. ( ) 在 Windows 10 作業系統下,其「控制台」中「Windows 安全性」的功能為何? (3)
(1)備份並還原您的檔案和系統設定 (2)檢查線上是否有軟體問題的解決方案、選
擇報告設定,並且查看電腦的問題報告 (3)檢視及管理裝置安全性和健康狀況的
中心 (4)設定防火牆安全選項,保護電腦不受駭客及惡意軟體的侵害。

> **解析**
> 1. 「系統還原」的功能為備份並還原您的檔案和系統設定。
> 2. 「資訊安全中心」的功能為檢視您目前的安全性狀態及存取重要的設定值來協助保護您的電腦。
> 3. 「Windows 安全性」的功能是供您檢視及管理裝置安全性和健康情況的中心。

86. (　) 在 Windows 10 作業系統下「預設應用程式」的功能為何？ (1)
(1)選擇要讓 Windows 使用哪些程式來瀏覽網頁、編輯照片、傳送電子郵件及播放音樂
(2)檢查是否有軟體及驅動程式更新、選擇自動更新設定，或是檢視已安裝的更新
(3)同步處理您的電腦與其他電腦、裝置及網路資料夾之間的資訊
(4)設定您的電腦，以加入像是 Windows 會議空間這類活動。

87. (　) 在 Windows 10 作業系統下，其「控制台」中「網路和共用中心」的功能為何？ (2)
(1)設定您的網際網路顯示與連線設定
(2)檢查網路狀態、變更網路設定及設定共用檔案及印表機的喜好設定
(3)連線到遠端 iSCSI 目標，並設定連線設定
(4)同步處理您的電腦與其他電腦、裝置及網路資料夾之間的資訊。

> **解析**
> - 「網路和共用中心」的功能為檢查網路狀態、變更網路設定，與設定共用檔案及印表機的喜好設定。
> - 「同步中心」的功能為同步處理您的電腦與其他電腦、裝置及網路資料夾之間的資訊。
> - 「存放裝置總管」的功能為連線到遠端 iSCSI 目標，並設定連線設定。

88. (　) 在 Windows 10 作業系統下，其「控制台」中何者具備「變更此佈景主題」的功能？ (3)
(1)裝置管理員　(2)Tablet PC 設定　(3)個人化　(4)使用者帳戶。

89. (　) 在 Windows 10 作業系統下，其「控制台」中何者具備變更搜尋時 Windows 建立檔案索引的功能？ (4)
(1)預設程式　(2)資料夾選項　(3)程式和功能　(4)索引選項。

90. (　) 在 Windows 10 作業系統下，何者具備檢視和更新硬體的設定及驅動程式軟體的功能？ (2)
(1)新增硬體　(2)裝置管理員　(3)Windows Defender　(4)程式和功能。

91. (　) 在 Windows 10 作業系統下，何者可以解除安裝或變更您電腦上的程式？ (2)
(1)預設程式　(2)程式和功能　(3)系統　(4)系統管理工具。

92. (　) 在 Linux 環境下，下列何者可用來查看路由表(Routing table)？ (1)
(1)route　(2)netstate-n　(3)netstate　(4)view。

> **解析** (1) route 顯示路由表。(2) netstate -n 以網路 IP 位址代替名稱列出網路連接情形。(3) netstate 查詢網路目前狀況。

93. ( ) 在 Linux 環境下，當 DHCP Server 架設完成後，只用/etc/rc.d/init.d/dhcpd start 啟動，若系統重新開機，下列何者為 DHCP Server 的狀態？ (3)
(1)Runlevel 3 為啟動，Runlevel 5 為停止　(2)Runlevel 3 為停止，Runlevel 5 為啟動　(3)停止　(4)啟動。

94. ( ) 在 Linux 預設環境下，TCP/IP 的埠號(port)22 為何服務所使用？ (2)
(1)Telnet Server　(2)SSH Server　(3)SMTP Server　(4)FTP Server。

95. ( ) 在 Linux 環境下，要檢查本端與遠端機器間的路徑，可使用下列哪一個命令？ (4)
(1)/sbin/route　(2)/bin/ping　(3)/usr/sbin/tracert　(4)/usr/sbin/traceroute。

> 解析
> - route：修改路由。
> - ping：傳送 ICMP 封包去要求對方主機回應是否存在於網路環境。
> - traceroute：追蹤兩部主機之間通過的各個節點 (node) 通訊狀況。

96. ( ) 在 Linux 環境下，想知道哪些有效網路介面可用時，應使用下列哪一個命令？ (2)
(1)netcfg　(2)ifconfig　(3)cat/net.status　(4)netstate -r。

97. ( ) 在 Linux 環境下，下列何者可將路徑加入 Linux 的路由表中？ (3)
(1)netstat　(2)net　(3)route　(4)addroute。

98. ( ) 在 Linux 環境下，架設 NFS Server 的用途為何？ (3)
(1)動態分配 IP　(2)作為時間伺服器　(3)檔案分享給 Linux/Unix/BSD 用戶　(4)檔案分享給 Windows 用戶。

99. ( ) 在 Linux 環境下，NFS 是透過何種協定來存取遠端主機的檔案？ (4)
(1)MMS　(2)SMB　(3)Appletalk　(4)RPC。

> 解析
> - MMS：多媒體簡訊主要用來分享照片與影片。
> - SMB：（Server Message Block）是由微軟開發的一種軟體程序級的網路傳輸協議，主要用來使得一個網路上的機器共享電腦文件、印表機、串列埠和通訊等資源。它也提供認證的行程間通訊機能。它主要用在裝有 Microsoft Windows 的機器上，在這樣的機器上被稱為 Microsoft Windows Network。
> - Appletalk：由蘋果電腦公司開發出的一種網路協定。用於蘋果電腦與其他種類電腦的通信上。
> - RPC(Remote Procedure Call)：遠端電腦程序呼叫。
> - NFS（Network File System）的啟動需透過 RPC 服務。

100. ( ) 在 Linux 環境下，Samba 的各種安全等級中，何者不需檢驗帳號密碼？ (2)
(1)user　(2)share　(3)server　(4)domain。

> 解析
> Samba 伺服器的使用者共分為 5 個安全等級，安全性由低至高分別為：share、user、server、domain 及 ads 等 5 個等級。採用 share 安全等級，則 Windows 或其他主機上的使用者不需輸入帳號及密碼，即可登入 Samba 伺服器。

101. ( ) 在 Linux 環境下，欲把 Samba Server 加入 Windows 網域中，應採哪種安全等級？ (2)
(1)share　(2)domain　(3)server　(4)user。

102. ( ) 在 Linux 環境下，下列何者為 bind 的工作環境設定檔？ (3)
(1)named.local　(2)localhost.zone　(3)named.conf　(4)named.ca。

103. ( ) 在 Linux 環境下，欲建置郵件伺服器時，何者不是硬體應考量的條件？ (4)
(1)RAM 容量　(2)CPU 速度　(3)硬碟的效能　(4)螢幕解析度。

104. ( ) 在 Linux 環境下，Apache 啟用 SSL 加密傳輸協定 https 時，所佔用的 port 為何？ (1)
(1)443　(2)22　(3)80　(4)143。

105. ( ) 在 Linux 環境下，下列哪種伺服器可加速 web 伺服器的服務？ (4)
(1)DHCP　(2)NTP　(3)NNTP　(4)squid。

106. ( ) 在 Linux 環境下，欲新增群組的指令為何？ (2)
(1)addgroups　(2)groupadd　(3)addgrp　(4)grpadd。

107. ( ) 在網域名稱系統中，關於「反向解析」，下列敘述何者正確？(1)由 IP 查 DNS Server (4)
(2)由名稱查 DNS Server　(3)由名稱查 IP　(4)由 IP 查名稱。

108. ( ) 在 ISO 的 OSI 模型中，下列何者的任務是精確、可靠執行調節來源到目的地的資訊流？(1)網路層(Network Layer) (2)會談層(Section Layer) (3)傳輸層(Transport Layer)　(4)展示層(Presentation Layer)。 (3)

109. ( ) 對於 Linux 作業系統而言，下列敘述何者錯誤？ (3)
(1)具視窗圖形界面　(2)多重開機管理功能　(3)單人多工系統　(4)具網路能力。

110. ( ) 在 Linux 作業系統中，如對某指令的功能不太清楚，可以使用什麼指令查詢？ (2)
(1)ls　(2)man　(3)chmod　(4)find。

111. ( ) 在 Linux 作業系統中，對於目錄的敘述何者錯誤？　(1)「.」表示目前目錄 (4)
(2)「..」表示上一層目錄　(3)「/」表示系統根目錄　(4)「~」表示管理者目錄。

112. ( ) 下列何種協定可配合 DNS 及 Active Directory 在 IP 網路上使用，讓使用者免於指定及追蹤靜態的 IP 位址？
(1)BOOTP　(2)TCP/IP　(3)DHCP　(4)PPP。 (3)

113. ( ) 管理 Windows 用戶端時，最好不要使用何種類型檔案，因為它會導致一些意料之外，且無法改變的登錄設定？
(1).exe　(2).ini　(3).adm　(4).tmp。 (3)

114. ( ) 下列何種語言是用於包含結構資訊的文件的非標準化標示語言，並提供了一種定義標示以及它們之間結構關係的工具？
(1)ASP　(2)C++　(3)VB　(4)XML。 (4)

115. ( ) 為解決日益增加的網路人口 IP 分配不足的問題，推行使用何種技術？ (3)
(1)IPv2　(2)IPv4　(3)IPv6　(4)IPv8。

116. ( ) 在 UNIX 系統下欲對檔案建立捷徑，可使用何種指令？ (2)
(1)ls　(2)ln　(3)cat　(4)rm。

117. ( ) 下列關於「TCP 協定」的敘述，何者正確？ (1)
　　(1)TCP 是連接導向(Connection-Oriented)的協定，會進行資料的分割、重組及確認
　　(2)TCP 是非連接導向(Connectionless)的協定，會進行資料的分割與重組，但不需要進行確認
　　(3)TCP 是新版本 UDP 協定
　　(4)TCP 只用於 Web 瀏覽器上。

118. ( ) 下列哪一種協定負責維護網際網路(Internet)的路由表(Routing Table)？ (2)
　　(1)TCP　(2)IP　(3)ICMP　(4)UDP。

119. ( ) 下列何者為 TCP/IP 協定中 ARP(Address Resolution Protocol)的主要功能？ (1)負責路由表(Routing Table)的維護　(2)負責路由器(Router)的交通控制　(3)負責將主機名稱(Host Name)解析為 IP 位址　(4)負責將 IP 位址解析為硬體位址(MAC Address)。 (4)

> 解析
> - ARP(Address Resolution Protocol)負責將 IP 位址解析為硬體位址(MAC Address)。
> - DNS 負責將主機名稱(Host Name)解析為 IP 位址。
> - 動態路由協定負責路由表(Routing Table)的維護。

120. ( ) 下列關於「IPv4 位址類別(Class)」的敘述，何者正確？ (3)
　　(1)Class A 和 Class B 用於擁有電腦數量較少的公司中；Class C 則用於擁有數千部電腦的大公司
　　(2)InterNIC 只負責指派 Class A，其餘類別則由各國政府負責
　　(3)Class A 使用第一個 octet 為網路 ID，Class B 使用前二個 octet 為網路 ID，Class C 使用前三個 octet 為網路 ID
　　(4)Class A 使用前三個 octet 為網路 ID，Class B 使用前二個 octet 為網路 ID，Class C 使用第一個 octet 為網路 ID。

121. ( ) 下列關於「子網路遮罩(Subnet Mask)功能」的敘述，何者正確？ (4)
　　(1)路由器決定框架(Frame)最佳傳送路徑的唯一依據
　　(2)僅用於有路由器(Router)存在的區域網路中
　　(3)遮掉網路 ID，以做為主機(Host)位址
　　(4)遮掉主機(Host)ID，以做為網路位址。

122. ( ) 在 Windows Server 中，下列哪一項服務可以讓電腦自動取得 IP 位址？ (1)
　　(1)DHCP　(2)WINS　(3)IPConfig　(4)PING。

123. ( ) 下列哪一項服務可以將 www.facebook.com 轉譯為 IP 位址？ (3)
　　(1)WINS　(2)DHCP　(3)DNS　(4)LMHOSTS。

解析
- 網域名稱系統(DNS)是用於 TCP/IP 網路(例如網際網路)的名稱解析通訊協定。DNS 伺服器所裝載的資訊可讓用戶端電腦將好記的英數 DNS 名稱解析為電腦之間互相通訊所使用的 IP 位址。
- Windows 網際網路名稱服務(WINS)提供分散式資料庫，將網路基本輸入/輸出系統(NetBIOS)名稱對應到 IP 位址，原先設計的目的在於解決路由環境中 NetBIOS 名稱解析時所產生的問題。
- LMHosts 是用來對應主機名稱的。

124. ( ) 下列何者是 NetBEUI 不適用在廣域網路(WAN)的主要原因？(1)只能使用在 Linux 平台 (2)只能用在乙太網路(Ethernet) (3)資料封包無法跨過網路交換器(Switch) (4)不具有路由(Routing)功能。 (4)

125. ( ) 下列何種設備可以切割網路，以限制網路封包傳送，並提升傳送效率？ (1)集線器(Hub) (2)訊號增強器(Repeater) (3)無線基地台(Access Point) (4)橋接器(Bridge)。 (4)

126. ( ) 下列何者是「無線基地台(Access Point)識別名稱」的縮寫？ (1)WISP (2)APID (3)SSID (4)AP。 (3)

127. ( ) 在 Windows 作業系統中，哪一種無線網路連線設定會限制使用相同無線基地台(Access Point)的其他電腦連線到你的電腦？ (1)私人 (2)公司 (3)住家 (4)公共場所。 (4)

128. ( ) 在 Windows 作業系統中，連線到無線基地台(Access Point)時，若設定使用網路位置為「公共場所」，則會關閉下列何種功能？ (1)省電 (2)無線網路連接 (3)網路探索 (4)自動備份。 (3)

129. ( ) 有一些網站會以文字檔的型式在使用者電腦中儲存資訊，當使用者再次進入該網站時，利用這個文字檔可以提供個人化資訊這種文字檔稱為 (1)W3C (2)Cookie (3)Sign-in Seal (4)Session。 (2)

130. ( ) 下列哪一個 Linux 核心版本為穩定版本？ (1)2.5.14 (2)2.4.15 (3)2.5.13 (4)2.3.10。 (2)

131. ( ) 一顆硬碟以 MBR 分割表分割，最多可以設定成幾個主要分割區(Primary Partition)？ (1)3 (2)4 (3)5 (4)6。 (2)

132. ( ) Linux 的 man page 資料通常放在/usr/share/man 的目錄內，可透過修改下列哪一個 configuration file 來變更 man page 的存放位置？ (1)/var/man.conf (2)/etc/man.conf (3)/etc/man.config (4)/var/man.config。 (3)

133. ( ) Linux 指令「ls -l」可以顯示檔案的 10 個詳細屬性，第一個屬性若是顯示為「b」，則表示該檔案為： (1)連結 (2)週邊設備 (3)一般檔案 (4)目錄。 (2)

134. ( ) 在 Linux 的 ext2 檔案系統中，一個分割區(Partition)所能容納的最大檔案數與下列何者有關？ (1)

(1)inode 數量　(2)block size　(3)block 數量　(4)inode size。

> 解析　標準的 Linux 檔案系統 Ext2 是使用 inode 為基礎的檔案系統。所謂 inode 的內容在記錄檔案的權限與相關屬性，一個檔案佔用一個 inode，同時記錄此檔案的資料所在的 block 號碼。至於 block 區塊則是在記錄檔案的實際內容，若檔案太大時，會使用多個 block 來儲存資料。

135. ( ) 在 Linux 的 ext2 檔案系統中，若 block size 為 1024 bytes，則檔案大小的上限為： (3)

(1)64GB　(2)1TB　(3)16GB　(4)2TB。

136. ( ) 在 Linux 的 Bash shell 環境中，「命令與檔案補全功能」的快速鍵為： (2)

(1)Alt 鍵　(2)Tab 鍵　(3)Esc 鍵　(4)Ctrl 鍵。

137. ( ) 在 Linux 環境中，使用/etc/passwd 記錄使用者資料，每個使用者有 7 個欄位，欄位之間以何種符號隔開？ (1)

(1)冒號　(2)分號　(3)逗號　(4)句號。

138. ( ) 在 Linux 環境中，某個檔案權限為 755，對該檔案擁有者(Owner)而言，所代表的意義為何？ (1)可讀、可執行、可寫入　(2)可讀、可寫入、可寫入　(3)可讀、可執行、可執行　(4)可寫入、可讀、可讀。 (1)

139. ( ) 在 Linux 環境中，下列何種方式或指令可以有效且免費地建構防火牆系統？ (3)

(1)tcp_wrappers　(2)ipfliter　(3)iptables　(4)hosts.deny。

140. ( ) 在 Linux 環境中，下列哪一個指令可以用來改變檔案/目錄的權限屬性？ (2)

(1)chown　(2)chmod　(3)chsh　(4)chpwd。

141. ( ) 在 OSI 網路協定架構中，下列哪一層負責確保網路服務品質(Quality of Service)？ (4)

(1)實體層　(2)資料連結層　(3)網路層　(4)傳輸層。

142. ( ) 每個標準 ASCII 字元、EBCDIC 字元及 Unicode 字元分別由多少位元所組成？ (2)

(1)7、7、16　(2)7、8、16　(3)16、8、7　(4)16、8、8。

143. ( ) 在 Linux 環境中，下列何者是「系統管理者」的預設帳號？ (3)

(1)administrator　(2)manager　(3)root　(4)super。

144. ( ) 下列編碼中，何者具有傳輸錯誤更正的能力？ (4)

(1)同位元(parity bit)碼　(2)BCD 碼　(3)EBCDIC 碼　(4)漢明碼(Hamming code)。

145. ( ) 在 OSI 網路協定架構中，下列哪一層負責管理連線的傳輸方式和安全機制？ (1)

(1)表示層　(2)傳輸層　(3)會議層　(4)網路層。

146. ( ) 在 Linux 環境中，下列哪一個指令可以用來備份檔案？ (3)

(1)pack　(2)queue　(3)tar　(4)zap。

147. ( ) 在公開金鑰加密法中，甲在傳給乙的資料中建立自己的數位簽章(Digital Signature)，其加密方式為： (1)以甲的公鑰加密 (2)以乙的公鑰加密 (3)以乙的私鑰加密 (4)以甲的私鑰加密。 (4)

148. ( ) 在作業系統排程中，下列何者不是產生「死結(Deadlock)」的必要條件？ (1)循環等待(Circular Wait) (2)可奪取(Preemption) (3)互斥(Mutual Exclusion) (4)持有並等待(Partial Allocation)。 (2)

149. ( ) 下列關於「DMA(Direct Memory Access)」的敘述，何者不正確？ (1)DMA 利用到 Cycle-Stealing 的方法 (2)傳送大量資料時，DMA 比 Programmed I/O 和 Interrupt I/O 快 (3)DMA 需要 DMA Controller (4)DMA 可增加上網的速度。 (4)

> **解析** DMA 的功能是可以不經由 CPU 就能存取到記憶體，可以增加週邊設備存取記憶體的速度。故與網路傳輸無關。

150. ( ) 採用存轉式(Store-and-Forward)傳輸資訊的方式是？ (1)路由交換(Routing Switching) (2)電路交換(Circuit Switching) (3)分封交換(Packet Switching) (4)信號交換(Signal Switching)。 (3)

> **解析** 存轉式(Store-and-Forward)傳輸資訊的方式又稱分封交換(Packet Switching)。

151. ( ) 下列何者不是「高階語言編譯程式」所提供的功能？ (1)語句分析(Lexical Analysis) (2)語法分析(Parsing) (3)垃圾收集(Garbage Collection) (4)目的碼(Objective Code)的產生。 (3)

> **解析** 垃圾收集是屬於執行階段。

152. ( ) 在網路安全應用中，通常利用雜湊函數(Hash Function)來做為所傳送訊息的指紋(Fingerprint)，以便進行訊息驗證；下列哪一個不是雜湊函數？ (1)MD4 (2)MD5 (3)SHA (4)DES。 (4)

153. ( ) 在 Windows 作業系統的裝置管理員中，某個裝置出現黃色驚歎號(！)時，是表示： (1)該裝置尚未啟動 (2)無法辨識該裝置 (3)該裝置的相關設定已關閉 (4)該裝置驅動程式有問題。 (4)

154. ( ) 下列何者是沒有採用 P2P 技術的網際網路服務？ (1)Skype (2)MSN (3)BitTorrent (4)Email。 (4)

155. ( ) 在 Windows 作業系統中，下列關於「剪貼簿」的敘述，何者不正確？ (2)
(1)按一下 PrintScreen 鍵，可以將「整個螢幕畫面」複製到剪貼簿中
(2)按一下 Ctrl+PrintScreen 鍵，只將「作用中視窗畫面」複製到剪貼簿中
(3)執行 Ctrl+V 貼上時，只能使用最後一次所複製的內容
(4)在 Word 中加入「剪貼簿」的內容可以複製到 PowerPoint 和 Excel 中。

156. ( ) 下列何種程式語言只能使用在微軟(Microsoft)的 SDK(Software Development Kit)開發環境中？ (1)Java (2)C# (3)Python (4)Object-C。 (2)

157. ( ) 在 Android 系統中，SDK(Software Development Kit)開發環境主要使用的程式語言是： (1)Java (2)C# (3)Python (4)Object-C。 (1)

158. ( ) 在 iPhone 系統中，SDK(Software Development Kit)開發環境主要使用的程式語言是： (1)Java (2)C# (3)Python (4)Object-C。 (4)

159. ( ) 下列何者不是雲端技術的服務層次？ (4)
(1)PaaS(Platform as a Service) (2)IaaS(Infrastructure as a Service)
(3)SaaS(Software as a Service) (4)CaaS(Computing as a Service)。

160. ( ) 在 Linux 系統的環境變數「PATH」中，每個目錄路徑之間是以哪一種符號隔開？ (1)分號 (2)逗號 (3)句號 (4)冒號。 (4)

161. ( ) 在 Windows 作業系統的系統變數「Path」中，每個目錄路徑之間是以哪一種符號隔開？ (1)分號 (2)逗號 (3)句號 (4)冒號。 (1)

162. ( ) 下列關於螢幕解析度的敘述，何者正確？ (1)解析度越高，桌面上能顯示的色彩越多 (2)解析度不受螢幕和顯示卡的硬體限制 (3)解析度不受驅動程式的限制 (4)解析度越高，桌面的圖示就越小。 (4)

> 解析：解析度越高，相對圖點愈小，因此桌面的圖示相對愈小。

163. ( ) 在 Linux 系統安裝時，下列何者一定要設定成單獨分割區的掛載點？ (3)
(1)/var (2)/usr (3)swap (4)tmp。

164. ( ) 在 Linux 環境中，安裝新硬碟分割區/dev/hdb1 後，需要在下列哪一個檔案中設定開機時自動掛載該分割區？ (1)
(1)/etc/fstab (2)/var/disktab (3)/etc/inittab (4)/usr/disktab。

165. ( ) 在 Linux 環境中，執行列印檔案 readme.txt 的指令，下列何者正確？ (4)
(1)lpp readme.txt (2)lpq readme.txt (3)lpd readme.txt (4)lpr readme.txt。

166. ( ) 在 Windows 作業系統中，下列關於「休眠」的敘述，何者不正確？ (4)
(1)會將記憶體中的資料放到硬碟上 (2)比「待命」模式省電 (3)比「待命」模式需要更長的恢復時間 (4)進入「休眠」模式後，硬碟仍持續運轉。

167. ( ) 在 Linux 環境中，檔案 test.sh 的屬性為「-rwxr-xr--」，下列哪一個指令無法將檔案屬性改為「-rwxrwxr-x」？ (1)chmod 775 test.sh (2)chmod g=rwx,o=rx test.sh (3)chmod g+w,o+x test.sh (4)chmod 755 test.sh。 (4)

> 解析：修改後的屬性 8 進位表示是-(rwx)(rwx)(r-x) = -(111)(111)(101)=775。

複選題

168. ( ) 在 Windows 10 作業系統中，關於「區域網路」的敘述，下列何者正確？ (24)
(1)每部電腦的作業系統必須是 Windows 10 (2)可彼此分享檔案及印表機等資源 (3)每台電腦的記憶體容量必須相同 (4)公用資料夾是一個預設的分享資料夾。

169. ( ) 在 Windows 10 作業系統中，具有進階安全性的 Windows 防火牆有下列哪些設定檔？ (1)網域 (2)區域 (3)私人 (4)公用。 (134)

170. ( ) 在 Windows 10 作業系統中，在「本機安全性原則」中可以設定哪些安全性項目？ (1)公開金鑰原則 (2)軟體限制原則 (3)網路清單管理員原則 (4)硬體相容原則。 (123)

171. ( ) 下列何者為 WWW 瀏覽器？ (234)
(1)Writer (2)Google Chrome (3)Firefox (4)Safari。

172. ( ) 下列何者是內送電子郵件的通訊協定？ (23)
(1)SMTP (2)IMAP (3)POP3 (4)SSL。

173. ( ) 關於「QR Code」的敘述，下列何者正確？ (1)二維空間條碼 (2)均為黑白兩色 (3)在 4 個角落，印有像「回」字的正方圖案 (4)可用於存貨管理。 (14)

解析 QR Code 在 3 個角落有像「回」字的正方圖案，也可以其他顏色表示。

174. ( ) 下列何者屬於 OSI 模型中應用層的通訊協定？ (12)
(1)HTTP (2)FTP (3)TCP/IP (4)ARP。

解析

層次	名稱	功能	應用
第7層	應用層	檔案傳輸	FTP、電子郵件、telnet、HTTP
第6層	表達層	把資料轉換為用戶能理解的形式	加密、字元轉換
第5層	會話層	負責通訊兩點的會談	全、半雙工
第4層	傳輸層	確保封包能按照順序送達接收端	TCP
第3層	網路層	安排資料傳輸路徑	IP
第2層	資料連結層	設定實體通訊線路，確保框架正確傳送	MAC
第1層	實體層	負責實際線路資料傳送	ethernet

175. ( ) TCP 和 IP 分別對應到 OSI 模型中的哪些層？ (12)
(1)傳輸層 (2)網路層 (3)應用層 (4)表達層。

176. ( ) 關於「IP」的敘述，下列何者正確？ (124)
(1)192.168.1.1 是一個虛擬 IP (2)IPv6 使用 128 位元來表示 IP 位址 (3)192.168.1.256 是一個可用的 IP (4)192.168.1.1 屬於 Class C。

解析 IPv4 每一組表示範圍 0~255。

177. ( ) 下列哪些 IP 位址屬於 Class C？ (23)
(1)181.23.45.67 (2)193.17.17.17 (3)201.255.255.2 (4)239.255.12.15。

解析 Class A：1.- 到 126.-。
Class B：128.- 到 191.-。
Class C：192.- 到 223.-。
Class D：224.- 到 239.-。
Class E：240.- 到 255.-。

178. ( ) 下列何者為 IPv6 的封包型式？ (134)
(1)Unicast　(2)Broadcast　(3)Multicast　(4)Anycast。

179. ( ) 下列何者為 IPv6 正確的位址表示方式？ (12)
(1)BCE9::5241　(2)AB39::2　(3)1A7E::257D:39AC::3456　(4)5::25D:25::6。

> **解析**
> - 表示 IPv6 位址時，將它區分為 8 段（Segment），每段由 16bits 組成，彼此以冒號（：）隔開，例如：WXYZ: WXYZ: WXYZ: WXYZ: WXYZ: WXYZ: WXYZ: WXYZ，其中 W、X、Y 和 Z 都是代表 16 進位數字，也就是 0～F。
> - 每一段如果開頭為 0，即可省略，例如：0A12 簡化為 A12、000A 簡化為 A。
> - 每一段如果全為 0，即可簡寫為 0，例如：0000 簡化為 0。
> - 若連續好幾段皆為 0000，則可全省略簡寫為::，但以一次為限，例如：1234:0:0:0:0:5678:0:ABCD。簡化為 1234::5678:0:ABCD。

180. ( ) 關於「IPv6」的敘述，下列何者正確？ (1)具自動設定機制　(2)整合 IPSec 加密協定　(3)封包的表頭長度固定為 32Bytes　(4)提供 2 的 128 次方的位址。 (124)

181. ( ) 下列應用程式與通訊協定的對應關係，何者為正確？ (1)Internet Explorer vs. HTTP　(2)Filezilla vs. FTP　(3)Ping vs. SMTP　(4)Putty vs. SSH。 (124)

> **解析**
> EMAIL vs SMTP。

182. ( ) 根據 IANA 的規定，下列通訊協定與常用埠號 (Well-Known Port Number) 的組合，何者為正確？
(1)FTP:21　(2)DNS:53　(3)HTTP:80　(4)DHCP:76。 (123)

> **解析**
>
> | 通訊協定 | http | ftp | Telent | SMTP | POP3 | DNS |
> |---|---|---|---|---|---|---|
> | 埠號 | 80 | 21 | 23 | 25 | 110 | 53 |

183. ( ) 在 Windows Server 作業系統中，關於「唯讀網域控制站」(RODC)的敘述，下列何者正確？ (124)
(1)RODC 只能接受複寫進來的資料
(2)AD 資料庫的內容不包含使用者的密碼
(3)AD 資料庫的內容具有可讀寫屬性
(4)可用本機系統管理員的身份管理 RODC。

184. ( ) 在 Windows Server 作業系統中，關於網路存取保護(Network Access Protect)的敘述，下列何者正確？ (124)
(1)確認連線電腦的健康狀態(State of Health)是否符合健康原則
(2)可對於「不健康」的電腦進行修正
(3)所有「不健康」的電腦皆不能取得任何服務
(4)目的是保護網路和電腦安全。

185. ( ) 在 Windows Server 作業系統中,關於「Hyper-V」技術的敘述,下列何者正確? (124)
(1)採用 Intel VT 技術的 CPU 支援 Hyper-V 功能
(2)採用 AMD VT 技術的 CPU 支援 Hyper-V 功能
(3)一部電腦僅能模擬成 1 部虛擬機器
(4)能彈性改變虛擬機器的數量及配置。

186. ( ) 在 Linux 環境中,要卸載或退出光碟機,可使用下列何者命令? (14)
(1)umount　(2)unmount　(3)reject　(4)eject。

187. ( ) 在 Linux 環境中,要重新開機,可使用下列哪些指令? (124)
(1)reboot　(2)shutdown -r　(3)shutdown -h　(4)init 6。

> **解析**
> reboot 重新開機。
> shutdown -r 在將系統的服務停掉之後就重新開機。
> shutdown -h 將系統的服務停掉後,立即關機。
> init 6 重新開機。init 0 關機。

188. ( ) 在 Linux 環境中,要查詢磁碟使用狀況,可使用下列哪些指令? (12)
(1)df　(2)du　(3)dl　(4)freedisk。

> **解析**
> df:列出檔案系統的整體磁碟使用量;
> du:評估檔案系統的磁碟使用量(常用在推估目錄所佔容量)。

189. ( ) 在 Linux 環境中,要備份 Linux 系統本身或檔案,可使用下列哪些指令? (234)
(1)tape　(2)tar　(3)dump　(4)cpio。

> **解析**
> tape:磁帶機。
> Linux 利用 tar、cpio、dd 或 dump 等備份工具。

190. ( ) 在 Linux 環境中,要顯示 CPU 使用狀況,可使用下列哪些指令? (234)
(1)free　(2)top　(3)sar　(4)vmstat。

> **解析**
> vmstat:偵測系統資源變化。
> sar:主動偵測主機的資源狀態,可繪製成為圖表。
> top:持續偵測程序運作的狀態。

工作項目 4 資訊安全

單選題

1. ( ) 電腦病毒入侵後在未達觸發條件前，病毒潛伏在程式內會有部份徵兆，下列何種情況比較有可能是電腦病毒活動的徵兆？ (1)儲存檔案時磁碟機產生大量噪音 (2)螢幕經常上下跳動 (3)程式執行時間逐漸變長 (4)磁碟片產生刮痕。 (3)

2. ( ) 資料錯誤檢核方式中，下列哪一項不常用？ (1)
   (1)存取權限檢查(Access right verification)
   (2)檢查號碼檢查(Check digit)
   (3)型態檢查(Type check)
   (4)範圍檢查(Range check)。

   解析 存取權限檢查，並非資料錯誤檢核方式的一種。

3. ( ) 有一程式設計師在某一系統中插了一段程式，只要他的姓名從公司的人事檔案中被刪除則該程式會將公司整個檔案破壞掉，這種電腦犯罪行為屬於： (3)
   (1)資料掉包(Data diddling)　　　(2)制壓(Superzapping)
   (3)邏輯炸彈(Logic bombs)　　　(4)特洛依木馬(Trojan horse)。

4. ( ) 擅自變更程式以便從大批所選擇的交易中逐個剝削每個帳戶的微小金額，然後再將其全部儲存到另一個帳戶中，這種電腦犯罪行為屬於： (4)
   (1)資料掉包(Data diddling)　　　(2)制壓(Superzapping)
   (3)邏輯炸彈(Logic bombs)　　　(4)義大利臘腸式詭計(Salami Methods)。

5. ( ) 下列何者不是電腦病毒的特性？ (1)具有自我複製的能力 (2)具特殊之破壞技術 (3)關機再重新開機後會自動消失 (4)會常駐在主記憶體中。 (3)

   解析 病毒會寄生於硬碟檔案中，不會因為關機再重新開機後而自動消失。

6. ( ) 重要資料欄的更新作業，為保留其過程的相關資料，以供核驗防範不法行為，可以利用下列什麼檔案？ (4)
   (1)密碼檔　(2)異動檔　(3)備份檔　(4)日誌檔。

7. ( ) 下列敘述中何者不合乎資訊安全之概念？ (4)
   (1)設定檔案存取權限，如只允許讀取，不准寫入
   (2)設定檔案密碼保護，只有擁有密碼之人才得以使用
   (3)隨時將檔案備份，以備檔案資料被破壞時可回存使用
   (4)設定檔案資料公開，任何人皆可以使用。

8. ( ) 在國民身分證號碼的設計中，最後一碼為檢查碼，請問這種設計在應用系統控制方面屬於哪一種控制？ (1)
   (1)處理控制　(2)資料檔案控制　(3)輸入控制　(4)輸出控制。

9. ( ) 電腦化作業之後，通常會將檔案複製三份，而且分散存放在不同建築物內，這種做法在應用系統控制方面屬於哪一種控制？ (1)處理控制 (2)資料檔案控制 (3)輸入控制 (4)輸出控制。 (2)

10. ( ) 一般而言要達到完善之終端機安全管制措施，則必須完整做到： (1)在終端機上加鎖，限制使用人員 (2)經常派安全人員追蹤考核 (3)事前訂定防弊措施 (4)事前訂定完善防弊措施，事後做追蹤考核，並將終端機配合主機系統一起管制。 (4)

11. ( ) 有關「資訊安全中電子簽名保密技術」之描述下列何者正確？ (1)電子簽名之技術不需解碼 (2)若以設計問題的方法而論，電子簽名較公開鑰匙密碼法簡便 (3)電子簽名乃是採用光筆、滑鼠等工具簽名，以供辨識 (4)電子簽名乃是利用數字來代替票據必須由個人親自簽名的方法。 (4)

12. ( ) 下列有關「資訊安全中存取管制(Access Control)方法」之描述何者正確？ (1)為求系統安全顧慮不可銜接電腦網路 (2)為求存取方便不需提供存取控制碼之設定 (3)在系統存取時不必考慮安全問題 (4)系統應該提供網路存取控制碼之設定功能。 (4)

13. ( ) 下列有關「資訊安全中系統設備備援」之描述何者正確？(1)重要系統設備(含軟、硬體)必須有備援措施 (2)備援方法必須以 1:1 對應的方式才可 (3)遠端備援方式由於需佔空間且人力支援不易，故不必考慮 (4)備援需花費更多費用，因此不必考慮備援。 (1)

14. ( ) 對於電腦及應用系統之備援措施，下列敘述何者為正確？ (1)只需做軟體備援即可 (2)只需做硬體備援即可 (3)重要電子資料必須存放防火櫃並分置不同地點 (4)顧及製作權及版權，為求備援則購置雙套軟體即可。 (3)

15. ( ) 下列關於「防火牆」的敘述，何者有誤？ (1)可以用軟體或硬體來實作防火牆 (2)可以管制企業內外電腦相互之間的資料傳輸 (3)可以隔絕來自外部網路的攻擊性網路封包 (4)無法封鎖來自內部網路的對外攻擊行為。 (4)

16. ( ) 為了避免資料庫破壞後無法回復，除了定期備份外，最重要還要做到下列哪項工作？ (1)管制使用 (2)人工記錄 (3)隨時記錄變動日誌檔 (4)修改程式。 (3)

17. ( ) 在做遠端資料傳輸時，為避免資料被竊取，我們可以採用何種保護措施？ (1)將資料壓縮 (2)將資料解壓縮 (3)將資料加密 (4)將資料解密。 (3)

解析 資料加密：以數學運算將資料加密轉換為密文的的一種技術。

18. ( ) 下列有關「網路防火牆」之敘述，何者不正確？ (1)外部防火牆無法防止內賊對內部的侵害 (2)防火牆能管制封包的流向 (3)防火牆可以阻隔外部網路進入內部系統 (4)防火牆可以防止任何病毒的入侵。 (4)

19. ( ) 完善的資訊安全系統，以足夠之關卡，防止使用者透過程式去存取不是他可以存取之資料，這種觀念為： (1)監視性 (2)資料存取控制 (3)獨立性 (4)識別。 (2)

20. ( )　下列何者是錯誤的「系統安全措施」？ (1)系統操作者統一保管密碼 (2)資料加密 (3)密碼變更 (4)公布之電子文件設定成唯讀檔。　(1)

21. ( )　若在使用個人電腦時，發現螢幕上有異常之反白、閃爍或電腦執行速度減慢等可能中毒之現象，此時使用者應做何種處置比較適宜？　(1)
(1)立即結束程式之執行，關掉電源，再以原版軟體開機
(2)將可能中毒之檔案刪除
(3)立即放入原版軟體並以 Ctrl+Alt+Del 重新開機
(4)立即結束原程式之執行，並用解毒軟體解毒。

22. ( )　Application gateway 是用來限制對超過防火牆界限之服務，下列何者不是在 Internet 上普遍實作的 Application Gateway？　(3)
(1)Mail gateway　(2)Proxy　(3)Hub　(4)Server filter。

23. ( )　有關 RFC 1108 所說明之 IPSO(IP Security Options)之敘述下列何者不正確？ (1)IPSO 是在網路通訊協定中之實體層運作 (2)IPSO 是美國國防部 DOD 所使用的一種安全性規格 (3)運用 IPdatagram 標頭的變動長度 Options 欄位標記出 datagram 所裝載資料之機密性 (4)IPSO 之主要觀念為 datagram 安全性標記。　(1)

解析 IPSO (IP Security Option)是在網路通訊協定中之網路層運作。

24. ( )　關於「防火牆」之敘述，下列敘述何者不正確？　(3)
(1)防火牆乃是過濾器(Filter)與 Gateway 的集合 (2)防火牆用來將可信賴的網路保護在一個區域性管理的安全範圍內 (3)防火牆大量運用於區域網路中，無法運用於廣域網路 (4)防火牆可用來將外界無法信賴之網路隔開。

25. ( )　關於「非對稱式密碼系統」之敘述，下列何者不正確？ (1)1976 年以後所發展出來之公開金匙密碼系統即是屬於非對稱式密碼系統 (2)非對稱式密碼系統之加密金匙及解密金匙都是可以公開的 (3)屬於雙密匙系統 (4)主要特性是系統的安全分析簡單明瞭，但加解密運算過程費時。　(2)

26. ( )　在分散式開放系統下的安全管理系統中，下列何者不是該系統至少須具備之功能？　(4)
(1)驗證(Authentication)　(2)授權(Authorization)　(3)稽查(Auditing)
(4)回答(Answering)。

解析 在分散式開放系統下的安全管理系統中，有三大主要功能驗證(Authentication)、授權(Authorization)、稽查(Auditing)。

27. ( )　下列何者不是資訊安全的防護措施？　(3)
(1)備份軟體　(2)採用合法軟體　(3)小問題組合成大問題　(4)可確認檔案的傳輸。

28. ( )　電腦犯罪中，一點一滴偷取金錢的方法稱為？　(1)
(1)義大利臘腸技術　(2)特洛依木馬　(3)藍領犯罪　(4)資料騙取。

29. ( )　一部專門用來過濾內外部網路間通訊的電腦稱為？　(4)
(1)熱站　(2)疫苗　(3)冷站　(4)防火牆。

30. ( ) 為了避免硬體的破壞，每一電腦組織應有？ (3)
    (1)生物技術　(2)編碼標準　(3)問題發現計劃　(4)活動標誌組。

31. ( ) 所有電腦化系統中最弱的環節為？ (1)
    (1)人　(2)密碼　(3)硬體　(4)軟體。

32. ( ) 下列哪一項無法指向「無現金社會」？ (1)
    (1)自動提款機　(2)信用卡　(3)編碼晶片　(4)電子資金轉帳。

33. ( ) 下列哪一項不是管制進入電腦系統的措施？ (3)
    (1)名牌　(2)密碼　(3)不斷電系統　(4)門鎖。

34. ( ) 「Taiwan-NO.1」是屬於哪一型病毒？ (4)
    (1)檔案型　(2)開機型　(3)混合型　(4)巨集型。

35. ( ) 下列有關「防火牆」之敘述，何者不正確？ (1)防火牆無法防止內賊對內的侵害， (4)
    根據經驗，許多入侵或犯罪行為都是自己人或熟知內部網路佈局的人做的　(2)防
    火牆基本上只管制封包的流向，它無法偵測出外界假造的封包，任何人皆可製造假
    來源位址的封包　(3)防火牆無法確保連線的可信度，一旦連線涉及外界公眾網路，
    極有可能被竊聽或劫奪，除非連線另行加密保護　(4)防火牆可以防止病毒的入侵。

    解析 防火牆的功能，並非用以防止病毒的入侵。防火牆用來將外界無法信賴之網路隔開，
    運用於廣域網路。

36. ( ) 下列何者是一個用來存放與管理通訊錄及我們在網路上付費的信用卡資料，以確保 (1)
    交易時各項資料的儲存或傳送時的隱密性與安全性？
    (1)電子錢包　(2)商店伺服器　(3)付款轉接站　(4)認證中心。

37. ( ) 一個成功的安全環境之首要部份是建立什麼？ (1)
    (1)安全政策白皮書　(2)認證中心　(3)安全超文字傳輸協定　(4)BBS。

38. ( ) 下列何者不是存取無線網路 AP(Access Point)的安全機制方法？ (1)
    (1)SSID(Service Set Identifier)
    (2)MAC(Media Access Control) Address Control
    (3)WPA(Wi-Fi Protected Access)加密
    (4)WEP(Wired Equivalent Privacy)加密。

    解析 服務設定識別碼(SSID，Service Set Identifier)，32個字元長度的任何字母、數字或
    符號所組成無線網路的名稱或識別碼。同一個服務群組的設備可以使用SSID來驗證
    另外一個網路設備是否為同一個群組。

39. ( ) 目前資訊安全規範的目的，主要是為了保護組織或個人的重要資訊資產，當評鑑所 (4)
    擁有的資訊資產價值時，下列何者不是必要的評估準則？
    (1)機密性(Confidentiality)　(2)完整性(Integrity)　(3)可用性(Availability)
    (4)弱點性(Vulnerability)。

    解析 資訊安全的基本功能及目的在提供資料和資源的機密性、完整性、可用性。

40. ( ) 下列有關於「字典攻擊法」的描述，何者正確？ (1)使用字典上有的字來測試密碼 (2)使用亂數測試密碼 (3)將常見的密碼當作字典資料庫來測試密碼 (4)使用各國語言測試密碼。 (3)

41. ( ) 下列有關於「在拍賣網站購物時防止詐欺的方法」，何者錯誤？ (1)應先仔細閱讀拍賣商品說明，並確認商品保存狀況 (2)與賣家私下交易，以獲取較便宜的價格 (3)可選擇較安全的付費方式 (4)應先了解買家與賣家相互應有的責任與義務。 (2)

42. ( ) 下列有關於「預防手機詐騙」的描述，何者為最適宜的作法？ (1)注意是否有來電顯示 (2)將手機關機 (3)接到可疑電話，不隨便依照對方指示去做 (4)回撥電話給對方以求證是否為手機詐騙。 (3)

43. ( ) 我的電腦已經安裝了防火牆，所以不需要再安裝防毒軟體？ (1)是，不需要重覆的功能 (2)不是，防火牆跟防毒軟體的主要功能不一樣 (3)不是，防毒軟體能阻擋垃圾郵件 (4)是，防毒軟體價格比較貴。 (2)

44. ( ) 「登入密碼」通常是用來滿足下列哪一項安全性之需求？ (1)
(1)身份識別(Authentication)　　(2)機密性(Confidentiality)
(3)不可否認性(Non-repudiation)　(4)完整性(Integrity)。

45. ( ) 企業的可接受風險等級如何決定最恰當？ (1)由評鑑的同仁決定 (2)由臨時開會決定 (3)由資安公司的資安顧問建議決定 (4)事先定義好準則，由管理階層裁定。 (4)

46. ( ) 「系統在檢查使用者的密碼設定時，會作某些特性的限制或規定」，下列對於這些特性的敘述何者錯誤？ (1)密碼有效性 (2)禁止更新密碼時延用舊密碼 (3)禁止不同使用者的密碼相同 (4)密碼必須有一定困難度。 (3)

47. ( ) 下列有關於「弱點」的描述，何者錯誤？ (1)弱點是一種使用者操作上的錯誤或瑕疵 (2)弱點存在與曝露可能導致有心人士利用作為入侵途徑 (3)弱點可能導致程式運作出現非預期結果而造成程式效能上的損失或進一步的權益損害 (4)管理員若未能即時取得弱點資訊與修正檔將導致被入侵的可能性增加。 (1)

解析　弱點是一種設計、實作或操作上的錯誤或瑕疵。弱點來源有(1)不當設計：無線網路安全協定 WEP 易受攻擊。(2)不當實作：程式緩衝區溢位(Buffer overflow)。(3)不當及過時的組態設計：防火牆的組態設定(ACL)不符合安全政策、病毒沒有更新定義檔。駭客常利用的弱點有 TCP/IP 通訊協定、作業系統(OS)、應用程式(AP)、人為設定管理不當。

48. ( ) 「資訊安全」的三個面向不包含下列何者？ (3)
(1)機密性(Confidentiality)　　(2)可用性(Availability)
(3)不可否認性(Non-repudiation)　(4)完整性(Integrity)。

49. ( ) 請問下列哪一個網址有使用 SSL 加密？ (2)
(1)http://www.security.com/　　(2)https://www.safe.com.tw/
(3)httpl://www.bank.com/　　(4)httpd://www.tbank.com.tw/。

50. ( ) 下列有關在執行「資料備份」的時候要特別注意的描述,何者是正確而適宜的？ (1)電腦有沒有安裝燒錄機　(2)備份資料時,一定要連防毒軟體一起備份　(3)網路頻寬速度是不是夠快　(4)備份資料有沒有中毒。 (4)

51. ( ) 「社交工程」造成資訊安全極大威脅的原因在於下列何者？ (1)破壞資訊服務可用性,使企業服務中斷　(2)隱匿性高,不易追查惡意者　(3)惡意人士不需要具備頂尖的電腦專業技術即可輕易地避過了企業的軟硬體安全防護　(4)利用通訊埠掃描(Port Scan)方式,無從防範。 (3)

> **解析** 社交工程,英文為 Social Engineering,是以影響力或說服力來欺騙他人以獲得有用的資訊,這是近年來造成企業或個人極大威脅和損失的駭客攻擊手法。社交工程造成極大威脅的原因,在於惡意人士不需要具備頂尖的電腦專業技術。社交工程(Social Engineering)係利用人性弱點,應用簡單的溝通和欺騙技倆,以獲取帳號、通行碼、身分證號碼或其他機密資料,來突破資訊系統的資通安全防護,遂行其非法的存取、破壞行為。

52. ( ) 為保障電腦資料安全,備份動作是必要的執行措施；下列關於「資料備份」的敘述,何者正確？ (1)程式檔案一定要備份,資料檔案涉及個資不宜備份　(2)除非正在使用的檔案損毀,否則備份資料檔案絕對不能拿出來使用　(3)使用中的檔案與備份資料應該放在一起,便於時常進行備份更新,才能發揮備份效果　(4)備份資料檔案也是重要資產,在備份時進行加密是提高資料安全的作法。 (4)

53. ( ) 下列關於「資訊環保」的敘述,何者有誤？ (1)綠色電腦是指從產品的設計、製造、使用到丟棄的過程都符合環保要求　(2)能源之星計畫最初是以電腦產品為主,後來擴展至辦公設備與建築　(3)綠色軟體的特性是不需安裝或修改系統設定檔便可使用　(4)危害性物質限制指令(RoHS),是由美國所制定的一項環保指令,規範工作電壓小於 1000VAC 或 1500VDC 的電子產品之材料,不得使用鉛、汞、鎘等項化學物質。 (4)

54. ( ) 下列有關「間諜軟體」的特性描述,何者錯誤？ (1)可能會監控你的電腦　(2)時常偽裝成合法的郵件附加檔四處散佈　(3)可能會竊取電腦裡的資料　(4)必須經過你的同意才能安裝。 (4)

55. ( ) 在啟用 SSL 安全機制的安全認證網站上進行交易,下列描述何者是可確保交易安全的？ (1)在交易過程中所傳輸的資料都是被加密的　(2)該網站不會將個人資料外流　(3)該網站的商品價格一定比市價便宜　(4)該網站不會被駭客入侵。 (1)

56. ( ) 下列敘述何者錯誤？ (1)跨站指令碼不但影響伺服主機,甚至會導致瀏覽者受害　(2)SQL injection 是一種攻擊網站資料庫的手法　(3)跨目錄存取是因為程式撰寫不良　(4)存放網頁應用程式的系統安裝最新系統修補程式後,便不會存有弱點。 (4)

工作項目 4 資訊安全

57. ( ) 下列何者不是「資訊安全」所要確保的資訊特性？ (4)
(1)機密性(Confidentiality)　　(2)完整性(Integrity)
(3)可用性(Availability)　　(4)可延伸性(Scalability)。

58. ( ) 資訊安全中的「社交工程(Social Engineering)」主要是透過什麼樣弱點，來達成對資訊安全的攻擊方式？ (2)
(1)技術缺憾　(2)人性弱點　(3)設備故障　(4)後門程式的掩護。

59. ( ) 下列關於駭客透過電子郵件來達成「社交工程(Social Engineering)」手法的入侵，何者不正確？　(1)電子郵件中的連結，可能會導引你到詐騙集團的網頁中　(2)駭客會使用情色或八卦主題，吸引你閱讀或下載電子郵件內容，達成對資訊安全的危害　(3)接到銀行寄來的緊急通知電子郵件，最好不要直接點選上面的超連結，而是自行連結到該銀行網站進行查詢　(4)只要不下載電子郵件的附檔，駭客就無法入侵你的電腦。 (4)

60. ( ) 下列關於「零時差攻擊(Zero-day Attack)」的敘述，何者不正確？ (3)
(1)主要針對原廠來不及提出修補程式弱點程式的時間差，進行資安攻擊方式　(2)因為是程式的漏洞，無法透過掃毒或防駭等軟體機制來確保攻擊不會發生　(3)因為是軟體程式出現漏洞，所以使用者無法做什麼事情來防止攻擊　(4)使用者看到軟體官方網站或資安防治單位發佈警訊，應該儘快更新版本。

61. ( ) 下列何者不是「智慧財產權」的適用範圍？ (2)
(1)作文　(2)靈感點子　(3)音樂作曲　(4)繪畫。

> **解析** 根據「世界智慧財產權組織(WIPO)公約」的定義，智慧財產權之觀念則包括下列各種權利：
> 一、文學、藝術及科學上之發現；
> 二、演藝人員之表演、錄音與廣播；
> 三、人類之發明；
> 四、科學上之發現；
> 五、產業上之新型與新式樣；
> 六、製造業、商業以及服務業所使用之標章、商業名稱及營業標記；
> 七、不公平競爭之防止；
> 八、其他於產業、科學、文學及藝術領域範圍內，由人類智慧所產生之權利。

62. ( ) 繪畫大師在 95 年 7 月 30 日創作完成一幅畫，但不幸在 99 年 4 月 4 日死亡，請問這幅畫的著作財產權存續至哪一天？　(1)145 年 7 月 30 日　(2)145 年 12 月 31 日　(3)149 年 4 月 4 日　(4)149 年 12 月 31 日。 (4)

> **解析** 著作財產權存續期間為作者死後 50 年。

63. ( ) 小明代表學校參加全國青年學生網站設計大賽時，整個網站是由老師提出建議點子，由小明設計建置完成，這個網站設計的著作權是屬於誰的？ (2)
(1)老師　(2)小明　(3)學校　(4)老師與小明共享。

64. ( ) 下列關於「P2P(Peer to Peer)」的敘述，何者不正確？ (2)
(1)Skype 是 P2P 的軟體工具之一
(2)P2P 檔案分享軟體是非法的軟體
(3)P2P 採取用戶與用戶的通訊模式，可以多點連線快速下載
(4)P2P 檔案分享軟體可能因為本身的漏洞，成為駭客攻擊入侵的工具。

> 解析　P2P 檔案分享軟體若是有版權的軟體即為非法的軟體。

65. ( ) 下列關於「保護個人資料」的行為，何者不正確？ (1)
(1)透過手機或電話，未確認來電者身分，即給予個人身分證字號
(2)確認網路上的消費網站是可以信任的，才可以留下個人資料
(3)個人證件影本應註明僅限定特定用途使用
(4)不委託他人代辦貸款或信用卡。

66. ( ) 對於在路邊接受市場行銷單位訪談所留下的個人資料，下列受訪者的哪個行為是不正確的？　(1)可以限制該公司使用資料的範圍　(2)不能要求該公司影印或提供複製本　(3)可以要求刪除在該公司資料庫中的資料　(4)可以要求瀏覽或更正存在該公司資料庫中的個人資料。 (2)

複選題

67. ( ) 資訊安全的目的在於維護資訊的哪些特性？　(1)保密性(Confidentiality)　(2)完整性(Intigrity)　(3)可用性(Availability)　(4)可讀性(Readability)。 (123)

68. ( ) 資訊安全威脅的種類繁多，但其攻擊目的可以歸類成哪幾種？　(1)以侵入為目的　(2)以竄改或否認為目的　(3)以阻斷服務為目的　(4)以獲得歸屬感為目的。 (123)

69. ( ) 下列何者為資料隱碼攻擊(SQL Injection)的防禦方法？　(1)對字串過濾並限制長度　(2)加強資料庫權限管理，不以系統管理員帳號連結資料庫　(3)對使用者隱藏資料庫管理系統回傳的錯誤訊息，以免攻擊者獲得有用資訊　(4)不要在程式碼中標示註解。 (123)

70. ( ) 下列何者為通關密碼的破解方法？ (123)
(1)窮舉攻擊(Brute-Force Attack)　　(2)字典攻擊(Dictionary Attack)
(3)彩虹表攻擊(Rainbow Table Attack)　(4)RGB 攻擊(RGB Attack)。

71. ( ) 依據下圖所示之防火牆過濾規則，下列何者為正確？　(1)拒絕所有規則之外的封包　(2)允許外部與防火牆連結　(3)允許存取 HTTP Server　(4)拒絕存取 SQL Server。 (134)

來源位址	來源埠	目的位址	目的埠	動作
任何	任何	HTTP 伺服器位址	HTTP	接受
任何	任何	SMTP 伺服器位址	SMTP	接受
外部位址	任何	防火牆位址	任何	拒絕
任何	任何	任何	任何	拒絕

72. ( ) 下列何者為入侵偵測與防禦系統(IDPS)提供之安全能力？ (1234)
(1)識別可能的安全威脅　(2)記錄安全威脅相關資訊
(3)防禦安全威脅　(4)將安全威脅通報予安全管理人員。

73. ( ) 下列何種磁碟陣列(RAID)有冗餘(Redundancy)功能？ (34)
(1)RAID 一定會有冗餘　(2)RAID 0　(3)RAID 1　(4)RAID 10。

> **解析** RAID 1 是比較有保障的陣列，原理是使用兩個一樣的硬碟，空間必須要一樣的磁區大小，當你寫入一個檔時，會把完整的檔案分別寫入兩個硬碟，也叫作鏡射(Mirror)，不過很浪費硬碟空間，因為如果兩個硬碟各為 100GB，共 200GB，但可用空間為 100GB。優點有資料保護安全機制，缺點是磁碟利用率最低，存取速度低。

74. ( ) 下列哪些身份認證方法以「所具之形(Something You Are)」為基礎？ (23)
(1)智慧卡　(2)指紋比對　(3)視網膜比對　(4)通關密碼。

75. ( ) 組織內部的區域網路切割為數段虛擬區域網路(VLAN)，可得到哪些好處？ (13)
(1)提高網路效能　(2)免用防火牆　(3)強化資訊安全管理　(4)免用防毒軟體。

76. ( ) 智慧財產權包括哪些項目？ (123)
(1)商標專用權　(2)專利權　(3)著作權　(4)隱私權。

77. ( ) 下列何者為常見的中間人攻擊(Man-in-the-Middle Attack)型式？ (12)
(1)重放攻擊(Replay Attack)　(2)欺騙攻擊(Spoofing Attack)
(3)後門攻擊(Backdoor Attack)　(4)字典攻擊(Dictionary Attack)。

78. ( ) 下列何者為後門攻擊(Backdoor Attack)所需之後門的可能產生途徑？ (1)軟體開發者忘記移除的維護後門(Maintenance Hook)　(2)攻擊者植入的後門　(3)管理人員安裝的遠端控制軟體　(4)軟體開發者打開的客廳後門。 (123)

79. ( ) 下列哪些作為可以降低通關密碼猜測攻擊(Password Cracking)的成功率？ (1234)
(1)設定較長之通關密碼　(2)選擇冷門的通關密碼
(3)通關密碼夾雜字母與數字　(4)經常更換通關密碼。

80. ( ) 下列何者是入侵偵測與防禦系統(IDPS)的安全事件偵測方法？ (123)
(1)比對惡意攻擊的特徵　(2)分析異常的網路活動
(3)偵測異常的通訊協定狀態　(4)確認使用者的權限。

81. ( ) 下列何者為網路安全漏洞的可能來源？ (123)
(1)軟體的瑕疵　(2)使用者的不良使用習慣
(3)多種軟/硬體結合而產生的問題　(4)圍牆與機房之間的距離很大。

82. ( ) 下列何種作法可以強化網頁伺服器的安全？ (123)
(1)伺服器只安裝必要的功能模組　(2)封鎖不良使用者的 IP　(3)使用防火牆使其只能於組織內部存取　(4)組織的所有電腦均使用 AMD CPU。

> **解析** 網頁伺服器的防護不會因 CPU 不同而有差別性。

83. ( ) 下列關於實體安全防禦措施的說明，何者正確？　(1)在事前，實體安全防禦措施要達到嚇阻效果，讓攻擊者知難而退　(2)在事件發生中，實體安全防禦措施應能儘量拖延入侵者的行動　(3)在偵測到入侵事件後，實體安全防禦措施須能儘量記錄犯罪證據，以為事後追查與起訴的憑據　(4)在事件發生中，實體安全防禦措施要達到嚇阻效果，讓攻擊者知難而退。　(123)

84. ( ) 下列何者是資訊安全風險的可能處置方法？
(1)規避風險　(2)降低風險　(3)轉移風險　(4)接受風險。　(1234)

85. ( ) 關於 ISO 27001(資訊安全管理系統)之四階段文件的說明，下列何者為正確？　(12)
(1)第一階是資訊安全政策(Information Security Policy)
(2)第二階是程式文件(Process Documentation)
(3)第三階是紀錄表單(Record Sheet)
(4)第四階是作業說明(Work Instruction)。

解析 第二階文件應為程序文件(Process Documentation)。ISO 27001(資訊安全管理系統 ISMS)之四階段文件為
1. 資訊安全政策(Information Security Policy)
2. 管理程序文件(Process Documentation)
3. 作業原則(Work Instruction)
4. 紀錄、表單及報告(Record Sheet)。

86. ( ) 下列何者包含於資訊安全管理應該兼顧的 3 個 P 之中？
(1)People　(2)Process　(3)Price　(4)Place。　(12)

87. ( ) 企業的防火牆通常應該拒絕下列哪些封包？　(124)
(1)外部進入的 telnet 封包　(2)外部進入但位址標示為內部的封包　(3)外部進入的 HTTP 封包　(4)外部進入且目的位址是防火牆的封包。

88. ( ) 下列哪些是發生電腦系統記憶體滲漏(Memory Leak)的可能肇因？　(124)
(1)作業系統有錯誤　(2)應用程式有錯誤　(3)網路卡故障　(4)驅動程式有錯誤。

89. ( ) 減少電腦系統發生記憶體滲漏(Memory Leak)情況的方法有哪些？　(13)
(1)使用垃圾收集(Garbage Collection)機制　(2)不要使用無線網路　(3)更謹慎地設計程式，釋放不再需要的記憶體　(4)使用封包過濾型防火牆。

90006 職業安全衛生共同科目

不分級 工作項目01：職業安全衛生

單選題

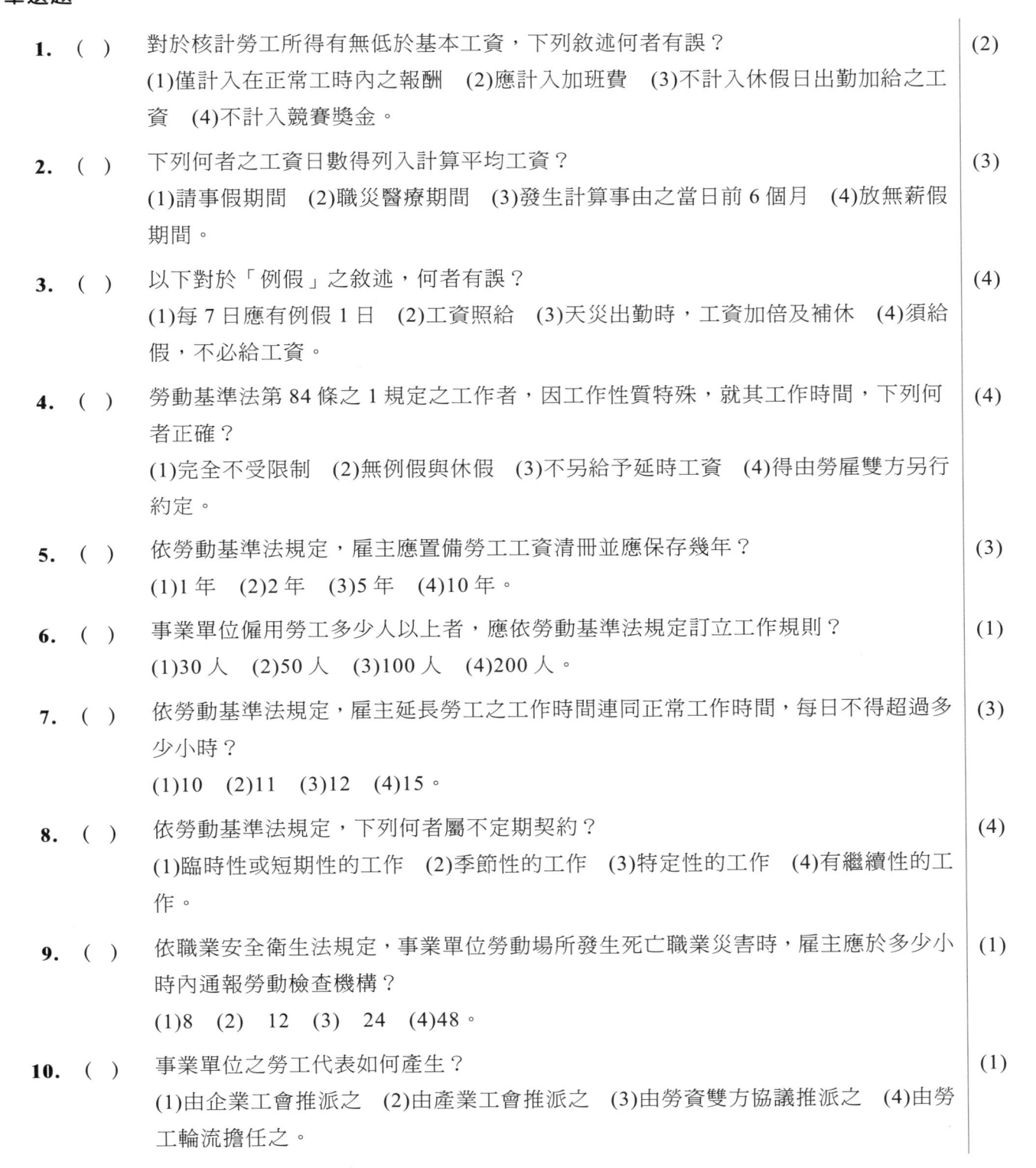

1. ( ) 對於核計勞工所得有無低於基本工資，下列敘述何者有誤？
   (1)僅計入在正常工時內之報酬 (2)應計入加班費 (3)不計入休假日出勤加給之工資 (4)不計入競賽獎金。 (2)

2. ( ) 下列何者之工資日數得列入計算平均工資？
   (1)請事假期間 (2)職災醫療期間 (3)發生計算事由之當日前6個月 (4)放無薪假期間。 (3)

3. ( ) 以下對於「例假」之敘述，何者有誤？
   (1)每7日應有例假1日 (2)工資照給 (3)天災出勤時，工資加倍及補休 (4)須給假，不必給工資。 (4)

4. ( ) 勞動基準法第84條之1規定之工作者，因工作性質特殊，就其工作時間，下列何者正確？
   (1)完全不受限制 (2)無例假與休假 (3)不另給予延時工資 (4)得由勞雇雙方另行約定。 (4)

5. ( ) 依勞動基準法規定，雇主應置備勞工工資清冊並應保存幾年？
   (1)1年 (2)2年 (3)5年 (4)10年。 (3)

6. ( ) 事業單位僱用勞工多少人以上者，應依勞動基準法規定訂立工作規則？
   (1)30人 (2)50人 (3)100人 (4)200人。 (1)

7. ( ) 依勞動基準法規定，雇主延長勞工之工作時間連同正常工作時間，每日不得超過多少小時？
   (1)10 (2)11 (3)12 (4)15。 (3)

8. ( ) 依勞動基準法規定，下列何者屬不定期契約？
   (1)臨時性或短期性的工作 (2)季節性的工作 (3)特定性的工作 (4)有繼續性的工作。 (4)

9. ( ) 依職業安全衛生法規定，事業單位勞動場所發生死亡職業災害時，雇主應於多少小時內通報勞動檢查機構？
   (1)8 (2)12 (3)24 (4)48。 (1)

10. ( ) 事業單位之勞工代表如何產生？
    (1)由企業工會推派之 (2)由產業工會推派之 (3)由勞資雙方協議推派之 (4)由勞工輪流擔任之。 (1)

11. ( ) 職業安全衛生法所稱有母性健康危害之虞之工作，不包括下列何種工作型態？ (4)
(1)長時間站立姿勢作業 (2)人力提舉、搬運及推拉重物 (3)輪班及工作負荷 (4)駕駛運輸車輛。

12. ( ) 依職業安全衛生法施行細則規定，下列何者非屬特別危害健康之作業？ (3)
(1)噪音作業 (2)游離輻射作業 (3)會計作業 (4)粉塵作業。

13. ( ) 從事於易踏穿材料構築之屋頂修繕作業時，應有何種作業主管在場執行主管業務？ (3)
(1)施工架組配 (2)擋土支撐組配 (3)屋頂 (4)模板支撐。

14. ( ) 以下對於「工讀生」之敘述，何者正確？ (4)
(1)工資不得低於基本工資之80% (2)屬短期工作者，加班只能補休 (3)每日正常工作時間得超過8小時 (4)國定假日出勤，工資加倍發給。

15. ( ) 勞工工作時手部嚴重受傷，住院醫療期間公司應按下列何者給予職業災害補償？ (3)
(1)前6個月平均工資 (2)前1年平均工資 (3)原領工資 (4)基本工資。

16. ( ) 勞工在何種情況下，雇主得不經預告終止勞動契約？ (2)
(1)確定被法院判刑6個月以內並諭知緩刑超過1年以上者 (2)不服指揮對雇主暴力相向者 (3)經常遲到早退者 (4)非連續曠工但1個月內累計達3日以上者。

17. ( ) 對於吹哨者保護規定，下列敘述何者有誤？ (3)
(1)事業單位不得對勞工申訴人終止勞動契約 (2)勞動檢查機構受理勞工申訴必須保密 (3)為實施勞動檢查，必要時得告知事業單位有關勞工申訴人身分 (4)任何情況下，事業單位都不得有不利勞工申訴人之行為。

18. ( ) 職業安全衛生法所稱有母性健康危害之虞之工作，係指對於具生育能力之女性勞工從事工作，可能會導致的一些影響。下列何者除外？ (4)
(1)胚胎發育 (2)妊娠期間之母體健康 (3)哺乳期間之幼兒健康 (4)經期紊亂。

19. ( ) 下列何者非屬職業安全衛生法規定之勞工法定義務？ (3)
(1)定期接受健康檢查 (2)參加安全衛生教育訓練 (3)實施自動檢查 (4)遵守安全衛生工作守則。

20. ( ) 下列何者非屬應對在職勞工施行之健康檢查？ (2)
(1)一般健康檢查 (2)體格檢查 (3)特殊健康檢查 (4)特定對象及特定項目之檢查。

21. ( ) 下列何者非為防範有害物食入之方法？ (4)
(1)有害物與食物隔離 (2)不在工作場所進食或飲水 (3)常洗手、漱口 (4)穿工作服。

22. ( ) 原事業單位如有違反職業安全衛生法或有關安全衛生規定，致承攬人所僱勞工發生職業災害時，有關承攬管理責任，下列敘述何者正確？ (1)
(1)原事業單位應與承攬人負連帶賠償責任 (2)原事業單位不需負連帶補償責任 (3)承攬廠商應自負職業災害之賠償責任 (4)勞工投保單位即為職業災害之賠償單位。

23. ( ) 依勞動基準法規定，主管機關或檢查機構於接獲勞工申訴事業單位違反本法及其他勞工法令規定後，應為必要之調查，並於幾日內將處理情形，以書面通知勞工？(1)14 (2)20 (3)30 (4)60。 (4)

24. ( ) 我國中央勞動業務主管機關為下列何者 (1)內政部 (2)勞工保險局 (3)勞動部 (4)經濟部。 (3)

25. ( ) 對於勞動部公告列入應實施型式驗證之機械、設備或器具，下列何種情形不得免驗證？(1)依其他法律規定實施驗證者 (2)供國防軍事用途使用者 (3)輸入僅供科技研發之專用機型 (4)輸入僅供收藏使用之限量品。 (4)

26. ( ) 對於墜落危險之預防設施，下列敘述何者較為妥適？(1)在外牆施工架等高處作業應盡量使用繫腰式安全帶 (2)安全帶應確實配掛在低於足下之堅固點 (3)高度 2m 以上之邊緣開口部分處應圍起警示帶 (4)高度 2m 以上之開口處應設護欄或安全網。 (4)

27. ( ) 下列對於感電電流流過人體的現象之敘述何者有誤？(1)痛覺 (2)強烈痙攣 (3)血壓降低、呼吸急促、精神亢奮 (4)造成組織灼傷。 (3)

28. ( ) 下列何者非屬於容易發生墜落災害的作業場所？(1)施工架 (2)廚房 (3)屋頂 (4)梯子、合梯。 (2)

29. ( ) 下列何者非屬危險物儲存場所應採取之火災爆炸預防措施？(1)使用工業用電風扇 (2)裝設可燃性氣體偵測裝置 (3)使用防爆電氣設備 (4)標示「嚴禁煙火」。 (1)

30. ( ) 雇主於臨時用電設備加裝漏電斷路器，可減少下列何種災害發生？(1)墜落 (2)物體倒塌、崩塌 (3)感電 (4)被撞。 (3)

31. ( ) 雇主要求確實管制人員不得進入吊舉物下方，可避免下列何種災害發生？(1)感電 (2)墜落 (3)物體飛落 (4)缺氧。 (3)

32. ( ) 職業上危害因子所引起的勞工疾病，稱為何種疾病？(1)職業疾病 (2)法定傳染病 (3)流行性疾病 (4)遺傳性疾病。 (1)

33. ( ) 事業招人承攬時，其承攬人就承攬部分負雇主之責任，原事業單位就職業災害補償部分之責任為何？(1)視職業災害原因判定是否補償 (2)依工程性質決定責任 (3)依承攬契約決定責任 (4)仍應與承攬人負連帶責任。 (4)

34. ( ) 預防職業病最根本的措施為何？(1)實施特殊健康檢查 (2)實施作業環境改善 (3)實施定期健康檢查 (4)實施僱用前體格檢查。 (2)

35. ( ) 在地下室作業,當通風換氣充分時,則不易發生一氧化碳中毒或缺氧危害,請問「通風換氣充分」係指下列何種描述? (1)
    (1)風險控制方法　(2)發生機率　(3)危害源　(4)風險。

36. ( ) 勞工為節省時間,在未斷電情況下清理機臺,易發生危害為何? (1)
    (1)捲夾感電　(2)缺氧　(3)墜落　(4)崩塌。

37. ( ) 工作場所化學性有害物進入人體最常見路徑為下列何者? (2)
    (1)口腔　(2)呼吸道　(3)皮膚　(4)眼睛。

38. ( ) 活線作業勞工應佩戴何種防護手套? (3)
    (1)棉紗手套　(2)耐熱手套　(3)絕緣手套(4)防振手套。

39. ( ) 下列何者非屬電氣災害類型? (4)
    (1)電弧灼傷　(2)電氣火災　(3)靜電危害　(4)雷電閃爍。

40. ( ) 下列何者非屬於工作場所作業會發生墜落災害的潛在危害因子? (3)
    (1)開口未設置護欄　(2)未設置安全之上下設備　(3)未確實配戴耳罩　(4)屋頂開口下方未張掛安全網。

41. ( ) 在噪音防治之對策中,從下列哪一方面著手最為有效? (2)
    (1)偵測儀器　(2)噪音源　(3)傳播途徑　(4)個人防護具。

42. ( ) 勞工於室外高氣溫作業環境工作,可能對身體產生之熱危害,以下何者非屬熱危害之症狀? (4)
    (1)熱衰竭　(2)中暑　(3)熱痙攣　(4)痛風。

43. ( ) 以下何者是消除職業病發生率之源頭管理對策? (3)
    (1)使用個人防護具　(2)健康檢查　(3)改善作業環境　(4)多運動。

44. ( ) 下列何者非為職業病預防之危害因子? (1)
    (1)遺傳性疾病　(2)物理性危害　(3)人因工程危害　(4)化學性危害。

45. ( ) 依職業安全衛生設施規則規定,下列何者非屬使用合梯,應符合之規定? (3)
    (1)合梯應具有堅固之構造　(2)合梯材質不得有顯著之損傷、腐蝕等　(3)梯腳與地面之角度應在80度以上　(4)有安全之防滑梯面。

46. ( ) 下列何者非屬勞工從事電氣工作安全之規定? (4)
    (1)使其使用電工安全帽　(2)穿戴絕緣防護具　(3)停電作業應斷開、檢電、接地及掛牌　(4)穿戴棉質手套絕緣。

47. ( ) 為防止勞工感電,下列何者為非? (3)
    (1)使用防水插頭　(2)避免不當延長接線(3)設備有金屬外殼保護即可免裝漏電斷路器　(4)電線架高或加以防護。

48. ( ) 不當抬舉導致肌肉骨骼傷害或肌肉疲勞之現象,可稱之為下列何者? (2)
   (1)感電事件 (2)不當動作 (3)不安全環境 (4)被撞事件。

49. ( ) 使用鑽孔機時,不應使用下列何護具? (3)
   (1)耳塞 (2)防塵口罩 (3)棉紗手套 (4)護目鏡。

50. ( ) 腕道症候群常發生於下列何種作業? (1)
   (1)電腦鍵盤作業 (2)潛水作業 (3)堆高機作業 (4)第一種壓力容器作業。

51. ( ) 對於化學燒傷傷患的一般處理原則,下列何者正確? (1)
   (1)立即用大量清水沖洗 (2)傷患必須臥下,而且頭、胸部須高於身體其他部位 (3)於燒傷處塗抹油膏、油脂或發酵粉 (4)使用酸鹼中和。

52. ( ) 下列何者非屬防止搬運事故之一般原則? (4)
   (1)以機械代替人力 (2)以機動車輛搬運 (3)採取適當之搬運方法 (4)儘量增加搬運距離。

53. ( ) 對於脊柱或頸部受傷患者,下列何者不是適當的處理原則? (3)
   (1)不輕易移動傷患 (2)速請醫師 (3)如無合用的器材,需 2 人作徒手搬運 (4)向急救中心聯絡。

54. ( ) 防止噪音危害之治本對策為下列何者? (3)
   (1)使用耳塞、耳罩 (2)實施職業安全衛生教育訓練 (3)消除發生源 (4)實施特殊健康檢查。

55. ( ) 安全帽承受巨大外力衝擊後,雖外觀良好,應採下列何種處理方式? (1)
   (1)廢棄 (2)繼續使用 (3)送修 (4)油漆保護。

56. ( ) 因舉重而扭腰係由於身體動作不自然姿勢,動作之反彈,引起扭筋、扭腰及形成類似狀態造成職業災害,其災害類型為下列何者? (2)
   (1)不當狀態 (2)不當動作 (3)不當方針 (4)不當設備。

57. ( ) 下列有關工作場所安全衛生之敘述何者有誤? (3)
   (1)對於勞工從事其身體或衣著有被污染之虞之特殊作業時,應備置該勞工洗眼、洗澡、漱口、更衣、洗濯等設備 (2)事業單位應備置足夠急救藥品及器材 (3)事業單位應備置足夠的零食自動販賣機 (4)勞工應定期接受健康檢查。

58. ( ) 毒性物質進入人體的途徑,經由那個途徑影響人體健康最快且中毒效應最高? (2)
   (1)吸入 (2)食入 (3)皮膚接觸 (4)手指觸摸。

59. ( ) 安全門或緊急出口平時應維持何狀態? (3)
   (1)門可上鎖但不可封死 (2)保持開門狀態以保持逃生路徑暢通 (3)門應關上但不可上鎖 (4)與一般進出門相同,視各樓層規定可開可關。

60. ( ) 下列何種防護具較能消減噪音對聽力的危害? (3)
   (1)棉花球 (2)耳塞 (3)耳罩 (4)碎布球。

61. ( )	勞工若面臨長期工作負荷壓力及工作疲勞累積,沒有獲得適當休息及充足睡眠,便可能影響體能及精神狀態,甚而較易促發下列何種疾病? (1)皮膚癌 (2)腦心血管疾病 (3)多發性神經病變 (4)肺水腫。	(2)
62. ( )	「勞工腦心血管疾病發病的風險與年齡、吸菸、總膽固醇數值、家族病史、生活型態、心臟方面疾病」之相關性為何? (1)無 (2)正 (3)負 (4)可正可負。	(2)
63. ( )	下列何者不屬於職場暴力? (1)肢體暴力 (2)語言暴力 (3)家庭暴力 (4)性騷擾。	(3)
64. ( )	職場內部常見之身體或精神不法侵害不包含下列何者? (1)脅迫、名譽損毀、侮辱、嚴重辱罵勞工 (2)強求勞工執行業務上明顯不必要或不可能之工作 (3)過度介入勞工私人事宜 (4)使勞工執行與能力、經驗相符的工作。	(4)
65. ( )	下列何種措施較可避免工作單調重複或負荷過重? (1)連續夜班 (2)工時過長 (3)排班保有規律性 (4)經常性加班。	(3)
66. ( )	減輕皮膚燒傷程度之最重要步驟為何? (1)儘速用清水沖洗 (2)立即刺破水泡 (3)立即在燒傷處塗抹油脂 (4)在燒傷處塗抹麵粉。	(1)
67. ( )	眼內噴入化學物或其他異物,應立即使用下列何者沖洗眼睛? (1)牛奶 (2)蘇打水 (3)清水 (4)稀釋的醋。	(3)
68. ( )	石綿最可能引起下列何種疾病? (1)白指症 (2)心臟病 (3)間皮細胞瘤 (4)巴金森氏症。	(3)
69. ( )	作業場所高頻率噪音較易導致下列何種症狀? (1)失眠 (2)聽力損失 (3)肺部疾病 (4)腕道症候群。	(2)
70. ( )	廚房設置之排油煙機為下列何者? (1)整體換氣裝置 (2)局部排氣裝置 (3)吹吸型換氣裝置 (4)排氣煙囪。	(2)
71. ( )	下列何者為選用防塵口罩時,最不重要之考量因素? (1)捕集效率愈高愈好 (2)吸氣阻抗愈低愈好 (3)重量愈輕愈好 (4)視野愈小愈好。	(4)
72. ( )	若勞工工作性質需與陌生人接觸、工作中需處理不可預期的突發事件或工作場所治安狀況較差,較容易遭遇下列何種危害? (1)組織內部不法侵害 (2)組織外部不法侵害 (3)多發性神經病變 (4)潛涵症。	(2)
73. ( )	以下何者不是發生電氣火災的主要原因? (1)電器接點短路 (2)電氣火花 (3)電纜線置於地上 (4)漏電。	(3)

74. ( ) 依勞工職業災害保險及保護法規定，職業災害保險之保險效力，自何時開始起算，至離職當日停止？ (2)
(1)通知當日 (2)到職當日 (3)雇主訂定當日 (4)勞雇雙方合意之日。

75. ( ) 依勞工職業災害保險及保護法規定，勞工職業災害保險以下列何者為保險人，辦理保險業務？ (4)
(1)財團法人職業災害預防及重建中心 (2)勞動部職業安全衛生署 (3)勞動部勞動基金運用局 (4)勞動部勞工保險局。

76. ( ) 以下關於「童工」之敘述，何者正確？ (1)
(1)每日工作時間不得超過 8 小時 (2)不得於午後 10 時至翌晨 6 時之時間內工作
(3)例假日得在監視下工作 (4)工資不得低於基本工資之 70%。

77. ( ) 依勞動檢查法施行細則規定，事業單位如不服勞動檢查結果，可於檢查結果通知書送達之次日起 10 日內，以書面敘明理由向勞動檢查機構提出？ (4)
(1)訴願 (2)陳情 (3)抗議 (4)異議。

78. ( ) 工作者若因雇主違反職業安全衛生法規定而發生職業災害、疑似罹患職業病或身體、精神遭受不法侵害所提起之訴訟，得向勞動部委託之民間團體提出下列何者？ (2)
(1)災害理賠 (2)申請扶助 (3)精神補償 (4)國家賠償。

79. ( ) 計算平日加班費須按平日每小時工資額加給計算，下列敘述何者有誤？ (4)
(1)前 2 小時至少加給 1/3 倍 (2)超過 2 小時部分至少加給 2/3 倍 (3)經勞資協商同意後，一律加給 0.5 倍 (4)未經雇主同意給加班費者，一律補休。

80. ( ) 下列工作場所何者非屬勞動檢查法所定之危險性工作場所？ (2)
(1)農藥製造 (2)金屬表面處理 (3)火藥類製造 (4)從事石油裂解之石化工業之工作場所。

81. ( ) 有關電氣安全，下列敘述何者錯誤？ (1)
(1)110 伏特之電壓不致造成人員死亡 (2)電氣室應禁止非工作人員進入 (3)不可以濕手操作電氣開關，且切斷開關應迅速 (4)220 伏特為低壓電。

82. ( ) 依職業安全衛生設施規則規定，下列何者非屬於車輛系營建機械？ (2)
(1)平土機 (2)堆高機 (3)推土機 (4)鏟土機。

83. ( ) 下列何者非為事業單位勞動場所發生職業災害者，雇主應於 8 小時內通報勞動檢查機構？ (2)
(1)發生死亡災害 (2)勞工受傷無須住院治療 (3)發生災害之罹災人數在 3 人以上 (4)發生災害之罹災人數在 1 人以上，且需住院治療。

84. ( ) 依職業安全衛生管理辦法規定，下列何者非屬「自動檢查」之內容？ (4)
(1)機械之定期檢查 (2)機械、設備之重點檢查 (3)機械、設備之作業檢點
(4)勞工健康檢查。

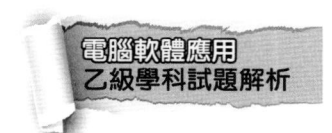

85. ( ) 下列何者係針對於機械操作點的捲夾危害特性可以採用之防護裝置？ (1)
(1)設置護圍、護罩　(2)穿戴棉紗手套　(3)穿戴防護衣　(4)強化教育訓練。

86. ( ) 下列何者非屬從事起重吊掛作業導致物體飛落災害之可能原因？ (4)
(1)吊鉤未設防滑舌片致吊掛鋼索鬆脫　(2)鋼索斷裂　(3)超過額定荷重作業
(4)過捲揚警報裝置過度靈敏。

87. ( ) 勞工不遵守安全衛生工作守則規定，屬於下列何者？ (2)
(1)不安全設備　(2)不安全行為　(3)不安全環境　(4)管理缺陷。

88. ( ) 下列何者不屬於局限空間內作業場所應採取之缺氧、中毒等危害預防措施？ (3)
(1)實施通風換氣　(2)進入作業許可程序　(3)使用柴油內燃機發電提供照明
(4)測定氧氣、危險物、有害物濃度。

89. ( ) 下列何者非通風換氣之目的？ (1)
(1)防止游離輻射　(2)防止火災爆炸　(3)稀釋空氣中有害物　(4)補充新鮮空氣。

90. ( ) 已在職之勞工，首次從事特別危害健康作業，應實施下列何種檢查？ (2)
(1)一般體格檢查　(2)特殊體格檢查　(3)一般體格檢查及特殊健康檢查　(4)特殊健
康檢查。

91. ( ) 依職業安全衛生設施規則規定，噪音超過多少分貝之工作場所，應標示並公告噪音 (4)
危害之預防事項，使勞工周知？
(1)75　(2)80　(3)85　(4)90。

92. ( ) 下列何者非屬工作安全分析的目的？ (3)
(1)發現並杜絕工作危害　(2)確立工作安全所需工具與設備　(3)懲罰犯錯的員工
(4)作為員工在職訓練的參考。

93. ( ) 可能對勞工之心理或精神狀況造成負面影響的狀態，如異常工作壓力、超時工作、 (3)
語言脅迫或恐嚇等，可歸屬於下列何者管理不當？
(1)職業安全　(2)職業衛生　(3)職業健康　(4)環保。

94. ( ) 有流產病史之孕婦，宜避免相關作業，下列何者為非？ (3)
(1)避免砷或鉛的暴露　(2)避免每班站立7小時以上之作業　(3)避免提舉3公斤重
物的職務　(4)避免重體力勞動的職務。

95. ( ) 熱中暑時，易發生下列何現象？ (3)
(1)體溫下降　(2)體溫正常　(3)體溫上升　(4)體溫忽高忽低。

96. ( ) 下列何者不會使電路發生過電流？ (4)
(1)電氣設備過載　(2)電路短路　(3)電路漏電　(4)電路斷路。

97. ( ) 下列何者較屬安全、尊嚴的職場組織文化？ (4)
(1)不斷責備勞工　(2)公開在眾人面前長時間責罵勞工　(3)強求勞工執行業務上明
顯不必要或不可能之工作　(4)不過度介入勞工私人事宜。

98. ( ) 下列何者與職場母性健康保護較不相關？ (4)
(1)職業安全衛生法 (2)妊娠與分娩後女性及未滿十八歲勞工禁止從事危險性或有害性工作認定標準 (3)性別平等工作法 (4)動力堆高機型式驗證。

99. ( ) 油漆塗裝工程應注意防火防爆事項，以下何者為非？ (3)
(1)確實通風 (2)注意電氣火花 (3)緊密門窗以減少溶劑擴散揮發 (4)嚴禁煙火。

100. ( ) 依職業安全衛生設施規則規定，雇主對於物料儲存，為防止氣候變化或自然發火發生危險者，下列何者為最佳之採取措施？ (3)
(1)保持自然通風 (2)密閉 (3)與外界隔離及溫濕控制 (4)靜置於倉儲區，避免陽光直射。

90007 工作倫理與職業道德共同科目

不分級 工作項目01：工作倫理與職業道德

單選題

1. ( ) 下列何者「違反」個人資料保護法？
   (1)公司基於人事管理之特定目的，張貼榮譽榜揭示績優員工姓名 (2)縣市政府提供村里長轄區內符合資格之老人名冊供發放敬老金 (3)網路購物公司為辦理退貨，將客戶之住家地址提供予宅配公司 (4)學校將應屆畢業生之住家地址提供補習班招生使用。 (4)

2. ( ) 非公務機關利用個人資料進行行銷時，下列敘述何者「錯誤」？
   (1)若已取得當事人書面同意，當事人即不得拒絕利用其個人資料行銷 (2)於首次行銷時，應提供當事人表示拒絕行銷之方式 (3)當事人表示拒絕接受行銷時，應停止利用其個人資料 (4)倘非公務機關違反「應即停止利用其個人資料行銷」之義務，未於限期內改正者，按次處新臺幣2萬元以上20萬元以下罰鍰。 (1)

3. ( ) 個人資料保護法規定為保護當事人權益，多少位以上的當事人提出告訴，就可以進行團體訴訟？
   (1)5人 (2)10人 (3)15人 (4)20人。 (4)

4. ( ) 關於個人資料保護法之敘述，下列何者「錯誤」？
   (1)公務機關執行法定職務必要範圍內，可以蒐集、處理或利用一般性個人資料 (2)間接蒐集之個人資料，於處理或利用前，不必告知當事人個人資料來源 (3)非公務機關亦應維護個人資料之正確，並主動或依當事人之請求更正或補充 (4)外國學生在臺灣短期進修或留學，也受到我國個人資料保護法的保障。 (2)

5. ( ) 下列關於個人資料保護法的敘述，下列敘述何者錯誤？
   (1)不管是否使用電腦處理的個人資料，都受個人資料保護法保護 (2)公務機關依法執行公權力，不受個人資料保護法規範 (3)身分證字號、婚姻、指紋都是個人資料 (4)我的病歷資料雖然是由醫生所撰寫，但也屬於是我的個人資料範圍。 (2)

6. ( ) 對於依照個人資料保護法應告知之事項，下列何者不在法定應告知的事項內？
   (1)個人資料利用之期間、地區、對象及方式 (2)蒐集之目的 (3)蒐集機關的負責人姓名 (4)如拒絕提供或提供不正確個人資料將造成之影響。 (3)

7. ( ) 請問下列何者非為個人資料保護法第3條所規範之當事人權利？
   (1)查詢或請求閱覽 (2)請求刪除他人之資料 (3)請求補充或更正 (4)請求停止蒐集、處理或利用。 (2)

8. ( ) 下列何者非安全使用電腦內的個人資料檔案的做法？ (4)
(1)利用帳號與密碼登入機制來管理可以存取個資者的人 (2)規範不同人員可讀取的個人資料檔案範圍 (3)個人資料檔案使用完畢後立即退出應用程式，不得留置於電腦中 (4)為確保重要的個人資料可即時取得，將登入密碼標示在螢幕下方。

9. ( ) 下列何者行為非屬個人資料保護法所稱之國際傳輸？ (1)
(1)將個人資料傳送給地方政府 (2)將個人資料傳送給美國的分公司 (3)將個人資料傳送給法國的人事部門 (4)將個人資料傳送給日本的委託公司。

10. ( ) 下列有關智慧財產權行為之敘述，何者有誤？ (1)
(1)製造、販售仿冒註冊商標的商品雖已侵害商標權，但不屬於公訴罪之範疇 (2)以101大樓、美麗華百貨公司做為拍攝電影的背景，屬於合理使用的範圍 (3)原作者自行創作某音樂作品後，即可宣稱擁有該作品之著作權 (4)著作權是為促進文化發展為目的，所保護的財產權之一。

11. ( ) 專利權又可區分為發明、新型與設計三種專利權，其中發明專利權是否有保護期限？期限為何？ (2)
(1)有，5年 (2)有，20年 (3)有，50年 (4)無期限，只要申請後就永久歸申請人所有。

12. ( ) 受僱人於職務上所完成之著作，如果沒有特別以契約約定，其著作人為下列何者？ (2)
(1)雇用人 (2)受僱人 (3)雇用公司或機關法人代表 (4)由雇用人指定之自然人或法人。

13. ( ) 任職於某公司的程式設計工程師，因職務所編寫之電腦程式，如果沒有特別以契約約定，則該電腦程式之著作財產權歸屬下列何者？ (1)
(1)公司 (2)編寫程式之工程師 (3)公司全體股東共有 (4)公司與編寫程式之工程師共有。

14. ( ) 某公司員工因執行業務，擅自以重製之方法侵害他人之著作財產權，若被害人提起告訴，下列對於處罰對象的敘述，何者正確？ (3)
(1)僅處罰侵犯他人著作財產權之員工 (2)僅處罰雇用該名員工的公司 (3)該名員工及其雇主皆須受罰 (4)員工只要在從事侵犯他人著作財產權之行為前請示雇主並獲同意，便可以不受處罰。

15. ( ) 受僱人於職務上所完成之發明、新型或設計，其專利申請權及專利權如未特別約定屬於下列何者？ (1)
(1)雇用人 (2)受僱人 (3)雇用人所指定之自然人或法人 (4)雇用人與受僱人共有。

16. ( ) 任職大發公司的郝聰明，專門從事技術研發，有關研發技術的專利申請權及專利權歸屬，下列敘述何者錯誤？ (4)
(1)職務上所完成的發明，除契約另有約定外，專利申請權及專利權屬於大發公司 (2)職務上所完成的發明，雖然專利申請權及專利權屬於大發公司，但是郝聰明享有姓名表示權 (3)郝聰明完成非職務上的發明，應即以書面通知大發公司 (4)大發公司與郝聰明之雇傭契約約定，郝聰明非職務上的發明，全部屬於公司，約定有效。

17. ( ) 有關著作權的下列敘述何者不正確？ (3)
    (1)我們到表演場所觀看表演時，不可隨便錄音或錄影 (2)到攝影展上，拿相機拍攝展示的作品，分贈給朋友，是侵害著作權的行為 (3)網路上供人下載的免費軟體，都不受著作權法保護，所以我可以燒成大補帖光碟，再去賣給別人 (4)高普考試題，不受著作權法保護。

18. ( ) 有關著作權的下列敘述何者錯誤？ (3)
    (1)撰寫碩博士論文時，在合理範圍內引用他人的著作，只要註明出處，不會構成侵害著作權 (2)在網路散布盜版光碟，不管有沒有營利，會構成侵害著作權 (3)在網路的部落格看到一篇文章很棒，只要註明出處，就可以把文章複製在自己的部落格 (4)將補習班老師的上課內容錄音檔，放到網路上拍賣，會構成侵害著作權。

19. ( ) 有關商標權的下列敘述何者錯誤？ (4)
    (1)要取得商標權一定要申請商標註冊 (2)商標註冊後可取得 10 年商標權 (3)商標註冊後，3 年不使用，會被廢止商標權 (4)在夜市買的仿冒品，品質不好，上網拍賣，不會構成侵權。

20. ( ) 下列關於營業秘密的敘述，何者不正確？ (1)
    (1)受雇人於非職務上研究或開發之營業秘密，仍歸雇用人所有 (2)營業秘密不得為質權及強制執行之標的 (3)營業秘密所有人得授權他人使用其營業秘密 (4)營業秘密得全部或部分讓與他人或與他人共有。

21. ( ) 甲公司將其新開發受營業秘密法保護之技術，授權乙公司使用，下列何者不得為之？ (1)
    (1)乙公司已獲授權，所以可以未經甲公司同意，再授權丙公司使用 (2)約定授權使用限於一定之地域、時間 (3)約定授權使用限於特定之內容、一定之使用方法 (4)要求被授權人乙公司在一定期間負有保密義務。

22. ( ) 甲公司嚴格保密之最新配方產品大賣，下列何者侵害甲公司之營業秘密？ (3)
    (1)鑑定人 A 因司法審理而知悉配方 (2)甲公司授權乙公司使用其配方 (3)甲公司之 B 員工擅自將配方盜賣給乙公司 (4)甲公司與乙公司協議共有配方。

23. ( ) 故意侵害他人之營業秘密，法院因被害人之請求，最高得酌定損害額幾倍之賠償？ (3)
    (1)1 倍 (2)2 倍 (3)3 倍 (4)4 倍。

24. ( ) 受雇者因承辦業務而知悉營業秘密，在離職後對於該營業秘密的處理方式，下列敘述何者正確？ (4)
    (1)聘雇關係解除後便不再負有保障營業秘密之責 (2)僅能自用而不得販售獲取利益 (3)自離職日起 3 年後便不再負有保障營業秘密之責 (4)離職後仍不得洩漏該營業秘密。

25. ( ) 按照現行法律規定，侵害他人營業秘密，其法律責任為： (3)
    (1)僅需負刑事責任 (2)僅需負民事損害賠償責任 (3)刑事責任與民事損害賠償責任皆須負擔 (4)刑事責任與民事損害賠償責任皆不須負擔。

26. ( ) 企業內部之營業秘密，可以概分為「商業性營業秘密」及「技術性營業秘密」二大類型，請問下列何者屬於「技術性營業秘密」？
(1)人事管理　(2)經銷據點　(3)產品配方　(4)客戶名單。 (3)

27. ( ) 某離職同事請求在職員工將離職前所製作之某份文件傳送給他，請問下列回應方式何者正確？
(1)由於該項文件係由該離職員工製作，因此可以傳送文件　(2)若其目的僅為保留檔案備份，便可以傳送文件　(3)可能構成對於營業秘密之侵害，應予拒絕並請他直接向公司提出請求　(4)視彼此交情決定是否傳送文件。 (3)

28. ( ) 行為人以竊取等不正當方法取得營業秘密，下列敘述何者正確？
(1)已構成犯罪　(2)只要後續沒有洩漏便不構成犯罪　(3)只要後續沒有出現使用之行為便不構成犯罪　(4)只要後續沒有造成所有人之損害便不構成犯罪。 (1)

29. ( ) 針對在我國境內竊取營業秘密後，意圖在外國、中國大陸或港澳地區使用者，營業秘密法是否可以適用？
(1)無法適用　(2)可以適用，但若屬未遂犯則不罰　(3)可以適用並加重其刑　(4)能否適用需視該國家或地區與我國是否簽訂相互保護營業秘密之條約或協定。 (3)

30. ( ) 所謂營業秘密，係指方法、技術、製程、配方、程式、設計或其他可用於生產、銷售或經營之資訊，但其保障所需符合的要件不包括下列何者？
(1)因其秘密性而具有實際之經濟價值者　(2)所有人已採取合理之保密措施者
(3)因其秘密性而具有潛在之經濟價值者　(4)一般涉及該類資訊之人所知者。 (4)

31. ( ) 因故意或過失而不法侵害他人之營業秘密者，負損害賠償責任該損害賠償之請求權，自請求權人知有行為及賠償義務人時起，幾年間不行使就會消滅？
(1)2年　(2)5年　(3)7年　(4)10年。 (1)

32. ( ) 公司負責人為了要節省開銷，將員工薪資以高報低來投保全民健保及勞保，是觸犯了刑法上之何種罪刑？
(1)詐欺罪　(2)侵占罪　(3)背信罪　(4)工商秘密罪。 (1)

33. ( ) A 受僱於公司擔任會計，因自己的財務陷入危機，多次將公司帳款轉入妻兒戶頭，是觸犯了刑法上之何種罪刑？
(1)洩漏工商秘密罪　(2)侵占罪　(3)詐欺罪　(4)偽造文書罪。 (2)

34. ( ) 某甲於公司擔任業務經理時，未依規定經董事會同意，私自與自己親友之公司訂定生意合約，會觸犯下列何種罪刑？
(1)侵占罪　(2)貪污罪　(3)背信罪　(4)詐欺罪。 (3)

35. ( ) 如果你擔任公司採購的職務，親朋好友們會向你推銷自家的產品，希望你要採購時，你應該
(1)適時地婉拒，說明利益需要迴避的考量，請他們見諒　(2)既然是親朋好友，就應該互相幫忙　(3)建議親朋好友將產品折扣，折扣部分歸於自己，就會採購　(4)可以暗中地幫忙親朋好友，進行採購，不要被發現有親友關係便可。 (1)

36. ( ) 小美是公司的業務經理,有一天巧遇國中同班的死黨小林,發現他是公司的下游廠商老闆。最近小美處理一件公司的招標案件,小林的公司也在其中,私下約小美見面,請求她提供這次招標案的底標,並馬上要給予幾十萬元的前謝金,請問小美該怎麼辦? (3)
(1)退回錢,並告訴小林都是老朋友,一定會全力幫忙 (2)收下錢,將錢拿出來給單位同事們分紅 (3)應該堅決拒絕,並避免每次見面都與小林談論相關業務問題 (4)朋友一場,給他一個比較接近底標的金額,反正又不是正確的,所以沒關係。

37. ( ) 公司發給每人一台平板電腦提供業務上使用,但是發現根本很少在使用,為了讓它有效的利用,所以將它拿回家給親人使用,這樣的行為是 (3)
(1)可以的,這樣就不用花錢買 (2)可以的,反正放在那裡不用它,也是浪費資源 (3)不可以的,因為這是公司的財產,不能私用 (4)不可以的,因為使用年限未到,如果年限到報廢了,便可以拿回家。

38. ( ) 公司的車子,假日又沒人使用,你是鑰匙保管者,請問假日可以開出去嗎? (3)
(1)可以,只要付費加油即可 (2)可以,反正假日不影響公務 (3)不可以,因為是公司的,並非私人擁有 (4)不可以,應該是讓公司想要使用的員工,輪流使用才可。

39. ( ) 阿哲是財經線的新聞記者,某次採訪中得知 A 公司在一個月內將有一個大的併購案,這個併購案顯示公司的財力,且能讓 A 公司股價往上飆升。請問阿哲得知此消息後,可以立刻購買該公司的股票嗎? (4)
(1)可以,有錢大家賺 (2)可以,這是我努力獲得的消息 (3)可以,不賺白不賺 (4)不可以,屬於內線消息,必須保持記者之操守,不得洩漏。

40. ( ) 與公務機關接洽業務時,下列敘述何者「正確」? (4)
(1)沒有要求公務員違背職務,花錢疏通而已,並不違法 (2)唆使公務機關承辦採購人員配合浮報價額,僅屬偽造文書行為 (3)口頭允諾行賄金額但還沒送錢,尚不構成犯罪 (4)與公務員同謀之共犯,即便不具公務員身分,仍可依據貪污治罪條例處刑。

41. ( ) 與公務機關有業務往來構成職務利害關係者,下列敘述何者「正確」? (1)
(1)將饋贈之財物請公務員父母代轉,該公務員亦已違反規定 (2)與公務機關承辦人飲宴應酬為增進基本關係的必要方法 (3)高級茶葉低價售予有利害關係之承辦公務員,有價購行為就不算違反法規 (4)機關公務員藉子女婚宴廣邀業務往來廠商之行為,並無不妥。

42. ( ) 廠商某甲承攬公共工程,工程進行期間,甲與其工程人員經常招待該公共工程委辦機關之監工及驗收之公務員喝花酒或招待出國旅遊,下列敘述何者正確? (4)
(1)公務員若沒有收現金,就沒有罪 (2)只要工程沒有問題,某甲與監工及驗收等相關公務員就沒有犯罪 (3)因為不是送錢,所以都沒有犯罪 (4)某甲與相關公務員均已涉嫌觸犯貪污治罪條例。

43. ( ) 行（受）賄罪成立要素之一為具有對價關係，而作為公務員職務之對價有「賄賂」或「不正利益」，下列何者「不」屬於「賄賂」或「不正利益」？(1)開工邀請公務員觀禮 (2)送百貨公司大額禮券 (3)免除債務 (4)招待吃米其林等級之高檔大餐。　(1)

44. ( ) 下列有關貪腐的敘述何者錯誤？(1)貪腐會危害永續發展和法治 (2)貪腐會破壞民主體制及價值觀 (3)貪腐會破壞倫理道德與正義 (4)貪腐有助降低企業的經營成本。　(4)

45. ( ) 下列何者不是設置反貪腐專責機構須具備的必要條件？(1)賦予該機構必要的獨立性 (2)使該機構的工作人員行使職權不會受到不當干預 (3)提供該機構必要的資源、專職工作人員及必要培訓 (4)賦予該機構的工作人員有權力可隨時逮捕貪污嫌疑人。　(4)

46. ( ) 檢舉人向有偵查權機關或政風機構檢舉貪污瀆職，必須於何時為之始可能給與獎金？(1)犯罪未起訴前 (2)犯罪未發覺前 (3)犯罪未遂前 (4)預備犯罪前。　(2)

47. ( ) 檢舉人應以何種方式檢舉貪污瀆職始能核給獎金？(1)匿名 (2)委託他人檢舉 (3)以真實姓名檢舉 (4)以他人名義檢舉。　(3)

48. ( ) 我國制定何種法律以保護刑事案件之證人，使其勇於出面作證，俾利犯罪之偵查、審判？(1)貪污治罪條例 (2)刑事訴訟法 (3)行政程序法 (4)證人保護法。　(4)

49. ( ) 下列何者「非」屬公司對於企業社會責任實踐之原則？(1)加強個人資料揭露 (2)維護社會公益 (3)發展永續環境 (4)落實公司治理。　(1)

50. ( ) 下列何者「不」屬於職業素養的範疇？(1)增進自我獲利的能力 (2)正確的職業價值觀 (3)積極進取職業的知識技能 (4)具備良好的職業行為習慣。　(1)

51. ( ) 下列何者符合專業人員的職業道德？(1)未經雇主同意，於上班時間從事私人事務 (2)利用雇主的機具設備私自接單生產 (3)未經顧客同意，任意散佈或利用顧客資料 (4)盡力維護雇主及客戶的權益。　(4)

52. ( ) 身為公司員工必須維護公司利益，下列何者是正確的工作態度或行為？(1)將公司逾期的產品更改標籤 (2)施工時以省時、省料為獲利首要考量，不顧品質 (3)服務時優先考量公司的利益，顧客權益次之 (4)工作時謹守本分，以積極態度解決問題。　(4)

53. ( ) 身為專業技術工作人士，應以何種認知及態度服務客戶？(1)若客戶不瞭解，就儘量減少成本支出，抬高報價 (2)遇到維修問題，儘量拖過保固期 (3)主動告知可能碰到問題及預防方法 (4)隨著個人心情來提供服務的內容及品質。　(3)

54. ( ) 因為工作本身需要高度專業技術及知識,所以在對客戶服務時應如何? (2)
(1)不用理會顧客的意見 (2)保持親切、真誠、客戶至上的態度 (3)若價錢較低,就敷衍了事 (4)以專業機密為由,不用對客戶說明及解釋。

55. ( ) 從事專業性工作,在與客戶約定時間應 (2)
(1)保持彈性,任意調整 (2)儘可能準時,依約定時間完成工作 (3)能拖就拖,能改就改 (4)自己方便就好,不必理會客戶的要求。

56. ( ) 從事專業性工作,在服務顧客時應有的態度為何? (1)
(1)選擇最安全、經濟及有效的方法完成工作 (2)選擇工時較長、獲利較多的方法服務客戶 (3)為了降低成本,可以降低安全標準 (4)不必顧及雇主和顧客的立場。

57. ( ) 以下那一項員工的作為符合敬業精神? (4)
(1)利用正常工作時間從事私人事務 (2)運用雇主的資源,從事個人工作 (3)未經雇主同意擅離工作崗位 (4)謹守職場紀律及禮節,尊重客戶隱私。

58. ( ) 小張獲選為小孩學校的家長會長,這個月要召開會議,沒時間準備資料,所以,利用上班期間有空檔非休息時間來完成,請問是否可以? (3)
(1)可以,因為不耽誤他的工作 (2)可以,因為他能力好,能夠同時完成很多事 (3)不可以,因為這是私事,不可以利用上班時間完成 (4)可以,只要不要被發現。

59. ( ) 小吳是公司的專用司機,為了能夠隨時用車,經過公司同意,每晚都將公司的車開回家,然而,他發現反正每天上班路線,都要經過女兒學校,就順便載女兒上學,請問可以嗎? (2)
(1)可以,反正順路 (2)不可以,這是公司的車不能私用 (3)可以,只要不被公司發現即可 (4)可以,要資源須有效使用。

60. ( ) 彥江是職場上的新鮮人,剛進公司不久,他應該具備怎樣的態度? (4)
(1)上班、下班,管好自己便可 (2)仔細觀察公司生態,加入某些小團體,以做為後盾 (3)只要做好人脈關係,這樣以後就好辦事 (4)努力做好自己職掌的業務,樂於工作,與同事之間有良好的互動,相互協助。

61. ( ) 在公司內部行使商務禮儀的過程,主要以參與者在公司中的何種條件來訂定順序? (4)
(1)年齡 (2)性別 (3)社會地位 (4)職位。

62. ( ) 一位職場新鮮人剛進公司時,良好的工作態度是 (1)
(1)多觀察、多學習,了解企業文化和價值觀 (2)多打聽哪一個部門比較輕鬆,升遷機會較多 (3)多探聽哪一個公司在找人,隨時準備跳槽走人 (4)多遊走各部門認識同事,建立自己的小圈圈。

63. ( ) 根據消除對婦女一切形式歧視公約(CEDAW),下列何者正確? (1)
(1)對婦女的歧視指基於性別而作的任何區別、排斥或限制 (2)只關心女性在政治方面的人權和基本自由 (3)未要求政府需消除個人或企業對女性的歧視 (4)傳統習俗應予保護及傳承,即使含有歧視女性的部分,也不可以改變。

64. ( ) 某規範明定地政機關進用女性測量助理名額,不得超過該機關測量助理名額總數二分之一,根據消除對婦女一切形式歧視公約（CEDAW）,下列何者正確？ (1)限制女性測量助理人數比例,屬於直接歧視 (2)土地測量經常在戶外工作,基於保護女性所作的限制,不屬性別歧視 (3)此項二分之一規定是為促進男女比例平衡 (4)此限制是為確保機關業務順暢推動,並未歧視女性。 (1)

65. ( ) 根據消除對婦女一切形式歧視公約（CEDAW）之間接歧視意涵,下列何者錯誤？ (1)一項法律、政策、方案或措施表面上對男性和女性無任何歧視,但實際上卻產生歧視女性的效果 (2)察覺間接歧視的一個方法,是善加利用性別統計與性別分析 (3)如果未正視歧視之結構和歷史模式,及忽略男女權力關係之不平等,可能使現有不平等狀況更為惡化 (4)不論在任何情況下,只要以相同方式對待男性和女性,就能避免間接歧視之產生。 (4)

66. ( ) 下列何者「不是」菸害防制法之立法目的？ (1)防制菸害 (2)保護未成年免於菸害 (3)保護孕婦免於菸害 (4)促進菸品的使用。 (4)

67. ( ) 按菸害防制法規定,對於在禁菸場所吸菸會被罰多少錢？ (1)新臺幣2千元至1萬元罰鍰 (2)新臺幣1千元至5千元罰鍰 (3)新臺幣1萬元至5萬元罰鍰 (4)新臺幣2萬元至10萬元罰鍰。 (1)

68. ( ) 請問下列何者「不是」個人資料保護法所定義的個人資料？ (1)身分證號碼 (2)最高學歷 (3)職稱 (4)護照號碼。 (3)

69. ( ) 有關專利權的敘述,何者正確？ (1)專利有規定保護年限,當某商品、技術的專利保護年限屆滿,任何人皆可免費運用該項專利 (2)我發明了某項商品,卻被他人率先申請專利權,我仍可主張擁有這項商品的專利權 (3)製造方法可以申請新型專利權 (4)在本國申請專利之商品進軍國外,不需向他國申請專利權。 (1)

70. ( ) 下列何者行為會有侵害著作權的問題？ (1)將報導事件事實的新聞文字轉貼於自己的社群網站 (2)直接轉貼高普考考古題在 FACEBOOK (3)以分享網址的方式轉貼資訊分享於社群網站 (4)將講師的授課內容錄音,複製多份分贈友人。 (4)

71. ( ) 下列有關著作權之概念,何者正確？ (1)國外學者之著作,可受我國著作權法的保護 (2)公務機關所函頒之公文,受我國著作權法的保護 (3)著作權要待向智慧財產權申請通過後才可主張 (4)以傳達事實之新聞報導的語文著作,依然受著作權之保障。 (1)

72. ( ) 某廠商之商標在我國已經獲准註冊,請問若希望將商品行銷販賣到國外,請問是否需在當地申請註冊才能主張商標權？ (1)是,因為商標權註冊採取屬地保護原則 (2)否,因為我國申請註冊之商標權在國外也會受到承認 (3)不一定,需視我國是否與商品希望行銷販賣的國家訂有相互商標承認之協定 (4)不一定,需視商品希望行銷販賣的國家是否為WTO會員國。 (1)

73. ( ) 下列何者「非」屬於營業秘密？ (1)
(1)具廣告性質的不動產交易底價 (2)須授權取得之產品設計或開發流程圖示
(3)公司內部管制的各種計畫方案 (4)不是公開可查知的客戶名單分析資料。

74. ( ) 營業秘密可分為「技術機密」與「商業機密」，下列何者屬於「商業機密」？ (3)
(1)程式 (2)設計圖 (3)商業策略 (4)生產製程。

75. ( ) 某甲在公務機關擔任首長，其弟弟乙是某協會的理事長，乙為舉辦協會活動，決定 (3)
向甲服務的機關申請經費補助，下列有關利益衝突迴避之敘述，何者正確？
(1)協會是舉辦慈善活動，甲認為是好事，所以指示機關承辦人補助活動經費
(2)機關未經公開公平方式，私下直接對協會補助活動經費新臺幣10萬元 (3)甲應
自行迴避該案審查，避免瓜田李下，防止利益衝突 (4)乙為順利取得補助，應該隱
瞞是機關首長甲之弟弟的身分。

76. ( ) 依公職人員利益衝突迴避法規定，公職人員甲與其小舅子乙（二親等以內的關係人） (3)
間，下列何種行為不違反該法？
(1)甲要求受其監督之機關聘用小舅子乙 (2)小舅子乙以請託關說之方式，請求甲
之服務機關通過其名下農地變更使用申請案 (3)關係人乙經政府採購法公開招標程
序，並主動在投標文件表明與甲的身分關係，取得甲服務機關之年度採購標案
(4)甲、乙兩人均自認為人公正，處事坦蕩，任何往來都是清者自清，不需擔心任何
問題。

77. ( ) 大雄擔任公司部門主管，代表公司向公務機關投標，為使公司順利取得標案，可以 (3)
向公務機關的採購人員為以下何種行為？
(1)為社交禮俗需要，贈送價值昂貴的名牌手錶作為見面禮 (2)為與公務機關間有
良好互動，招待至有女陪侍場所飲宴 (3)為了解招標文件內容，提出招標文件疑義
並請說明 (4)為避免報價錯誤，要求提供底價作為參考。

78. ( ) 下列關於政府採購人員之敘述，何者未違反相關規定？ (1)
(1)非主動向廠商求取，是偶發地收到廠商致贈價值在新臺幣500元以下之廣告物、
促銷品、紀念品 (2)要求廠商提供與採購無關之額外服務 (3)利用職務關係向廠
商借貸 (4)利用職務關係媒介親友至廠商處所任職。

79. ( ) 下列何者有誤？ (4)
(1)憲法保障言論自由，但散布假新聞、假消息仍須面對法律責任 (2)在網路或Line
社群網站收到假訊息，可以敘明案情並附加截圖檔，向法務部調查局檢舉 (3)對新
聞媒體報導有意見，向國家通訊傳播委員會申訴 (4)自己或他人捏造、扭曲、竄改
或虛構的訊息，只要一小部分能證明是真的，就不會構成假訊息。

80. ( ) 下列敘述何者正確？ (4)
(1)公務機關委託的代檢（代驗）業者，不是公務員，不會觸犯到刑法的罪責　(2)賄賂或不正利益，只限於法定貨幣，給予網路遊戲幣沒有違法的問題　(3)在靠北公務員社群網站，覺得可受公評且匿名發文，就可以謾罵公務機關對特定案件的檢查情形　(4)受公務機關委託辦理案件，除履行採購契約應辦事項外，對於蒐集到的個人資料，也要遵守相關保護及保密規定。

81. ( ) 下列有關促進參與及預防貪腐的敘述何者錯誤？ (1)
(1)我國非聯合國會員國，無須落實聯合國反貪腐公約規定　(2)推動政府部門以外之個人及團體積極參與預防和打擊貪腐　(3)提高決策過程之透明度，並促進公眾在決策過程中發揮作用　(4)對公職人員訂定執行公務之行為守則或標準。

82. ( ) 為建立良好之公司治理制度，公司內部宜納入何種檢舉人制度？ (2)
(1)告訴乃論制度　(2)吹哨者（whistleblower）保護程序及保護制度　(3)不告不理制度(4)非告訴乃論制度。

83. ( ) 有關公司訂定誠信經營守則時，以下何者不正確？ (4)
(1)避免與涉有不誠信行為者進行交易　(2)防範侵害營業秘密、商標權、專利權、著作權及其他智慧財產權　(3)建立有效之會計制度及內部控制制度　(4)防範檢舉。

84. ( ) 乘坐轎車時，如有司機駕駛，按照國際乘車禮儀，以司機的方位來看，首位應為 (1)
(1)後排右側　(2)前座右側　(3)後排左側　(4)後排中間。

85. ( ) 今天好友突然來電，想來個「說走就走的旅行」，因此，無法去上班，下列何者作法不適當？ (2)
(1)發送 E-MAIL 給主管與人事部門，並收到回覆　(2)什麼都無需做，等公司打電話來確認後，再告知即可　(3)用 LINE 傳訊息給主管，並確認讀取且有回覆　(4)打電話給主管與人事部門請假。

86. ( ) 每天下班回家後，就懶得再出門去買菜，利用上班時間瀏覽線上購物網站，發現有很多限時搶購的便宜商品，還能在下班前就可以送到公司，下班順便帶回家，省掉好多時間，請問下列何者最適當？ (4)
(1)可以，又沒離開工作崗位，且能節省時間　(2)可以，還能介紹同事一同團購，省更多的錢，增進同事情誼　(3)不可以，應該把商品寄回家，不是公司　(4)不可以，上班不能從事個人私務，應該等下班後再網路購物。

87. ( ) 宜樺家中養了一隻貓，由於最近生病，獸醫師建議要有人一直陪牠，這樣會恢復快一點，辦公室雖然禁止攜帶寵物，但因為上班家裡無人陪伴，所以準備帶牠到辦公室一起上班，下列何者最適當？ (4)
(1)可以，只要我放在寵物箱，不要影響工作即可　(2)可以，同事們都答應也不反對　(3)可以，雖然貓會發出聲音，大小便有異味，只要處理好不影響工作即可　(4)不可以，建議送至專門機構照護，以免影響工作。

88. ( ) 根據性別平等工作法,下列何者非屬職場性騷擾? (4)
(1)公司員工執行職務時,客戶對其講黃色笑話,該員工感覺被冒犯 (2)雇主對求職者要求交往,作為僱用與否之交換條件 (3)公司員工執行職務時,遭到同事以「女人就是沒大腦」性別歧視用語加以辱罵,該員工感覺其人格尊嚴受損 (4)公司員工下班後搭乘捷運,在捷運上遭到其他乘客偷拍。

89. ( ) 根據性別平等工作法,下列何者非屬職場性別歧視? (4)
(1)雇主考量男性賺錢養家之社會期待,提供男性高於女性之薪資 (2)雇主考量女性以家庭為重之社會期待,裁員時優先資遣女性 (3)雇主事先與員工約定倘其有懷孕之情事,必須離職 (4)有未滿2歲子女之男性員工,也可申請每日六十分鐘的哺乳時間。

90. ( ) 根據性別平等工作法,有關雇主防治性騷擾之責任與罰則,下列何者錯誤? (3)
(1)僱用受僱者30人以上者,應訂定性騷擾防治措施、申訴及懲戒辦法 (2)雇主知悉性騷擾發生時,應採取立即有效之糾正及補救措施 (3)雇主違反應訂定性騷擾防治措施之規定時,處以罰鍰即可,不用公布其姓名 (4)雇主違反應訂定性騷擾申訴管道者,應限期令其改善,屆期未改善者,應按次處罰。

91. ( ) 根據性騷擾防治法,有關性騷擾之責任與罰則,下列何者錯誤? (1)
(1)對他人為性騷擾者,如果沒有造成他人財產上之損失,就無需負擔金錢賠償之責任 (2)對於因教育、訓練、醫療、公務、業務、求職,受自己監督、照護之人,利用權勢或機會為性騷擾者,得加重科處罰鍰至二分之一 (3)意圖性騷擾,乘人不及抗拒而為親吻、擁抱或觸摸其臀部、胸部或其他身體隱私處之行為者,處2年以下有期徒刑、拘役或科或併科10萬元以下罰金 (4)對他人為權勢性騷擾以外之性騷擾者,由直轄市、縣(市)主管機關處1萬元以上10萬元以下罰鍰。

92. ( ) 根據性別平等工作法規範職場性騷擾範疇,下列何者為「非」? (3)
(1)上班執行職務時,任何人以性要求、具有性意味或性別歧視之言詞或行為,造成敵意性、脅迫性或冒犯性之工作環境 (2)對僱用、求職或執行職務關係受自己指揮、監督之人,利用權勢或機會為性騷擾 (3)下班回家時被陌生人以盯梢、守候、尾隨跟蹤 (4)雇主對受僱者或求職者為明示或暗示之性要求、具有性意味或性別歧視之言詞或行為。

93. ( ) 根據消除對婦女一切形式歧視公約(CEDAW)之直接歧視及間接歧視意涵,下列何者錯誤? (3)
(1)老闆得知小黃懷孕後,故意將小黃調任薪資待遇較差的工作,意圖使其自行離開職場,小黃老闆的行為是直接歧視 (2)某餐廳於網路上招募外場服務生,條件以未婚年輕女性優先錄取,明顯以性或性別差異為由所實施的差別待遇,為直接歧視 (3)某公司員工值班注意事項排除女性員工參與夜間輪值,是考量女性有人身安全及家庭照顧等需求,為維護女性權益之措施,非直接歧視 (4)某科技公司規定男女員工之加班時數上限及加班費或津貼不同,認為女性能力有限,且無法長時間工作,限制女性獲取薪資及升遷機會,這規定是直接歧視。

94. ( ) 目前菸害防制法規範,「不可販賣菸品」給幾歲以下的人? (1)
    (1)20 (2)19 (3)18 (4)17。

95. ( ) 按菸害防制法規定,下列敘述何者錯誤? (1)
    (1)只有老闆、店員才可以出面勸阻在禁菸場所抽菸的人 (2)任何人都可以出面勸阻在禁菸場所抽菸的人 (3)餐廳、旅館設置室內吸菸室,需經專業技師簽證核可 (4)加油站屬易燃易爆場所,任何人都可以勸阻在禁菸場所抽菸的人。

96. ( ) 關於菸品對人體危害的敘述,下列何者「正確」? (3)
    (1)只要開電風扇、或是抽風機就可以去除菸霧中的有害物質 (2)指定菸品(如:加熱菸)只要通過健康風險評估,就不會危害健康,因此工作時如果想吸菸,就可以在職場拿出來使用 (3)雖然自己不吸菸,同事在旁邊吸菸,就會增加自己得肺癌的機率 (4)只要不將菸吸入肺部,就不會對身體造成傷害。

97. ( ) 職場禁菸的好處不包括 (4)
    (1)降低吸菸者的菸品使用量,有助於減少吸菸導致的健康危害 (2)避免同事因為被動吸菸而生病 (3)讓吸菸者菸癮降低,戒菸較容易成功 (4)吸菸者不能抽菸會影響工作效率。

98. ( ) 大多數的吸菸者都嘗試過戒菸,但是很少自己戒菸成功。吸菸的同事要戒菸,怎樣建議他是無效的? (4)
    (1)鼓勵他撥打戒菸專線 0800-63-63-63,取得相關建議與協助 (2)建議他到醫療院所、社區藥局找藥物戒菸 (3)建議他參加醫院或衛生所辦理的戒菸班 (4) 戒菸是自己的事,別人幫不了忙。

99. ( ) 禁菸場所負責人未於場所入口處設置明顯禁菸標示,要罰該場所負責人多少元? (2)
    (1)2千-1萬 (2)1萬-5萬 (3)1萬-25萬 (4)20萬-100萬。

100. ( ) 目前電子煙是非法的,下列對電子煙的敘述,何者錯誤? (3)
    (1)跟吸菸一樣會成癮 (2)會有爆炸危險 (3)沒有燃燒的菸草,也沒有二手煙的問題 (4)可能造成嚴重肺損傷。

90008 環境保護共同科目

不分級　工作項目 03：環境保護

單選題

1. (　) 世界環境日是在每一年的那一日？
   (1)6 月 5 日　(2)4 月 10 日　(3)3 月 8 日　(4)11 月 12 日。 …(1)

2. (　) 2015 年巴黎協議之目的為何？
   (1)避免臭氧層破壞　(2)減少持久性污染物排放　(3)遏阻全球暖化趨勢　(4)生物多樣性保育。 …(3)

3. (　) 下列何者為環境保護的正確作為？
   (1)多吃肉少蔬食　(2)自己開車不共乘　(3)鐵馬步行　(4)不隨手關燈。 …(3)

4. (　) 下列何種行為對生態環境會造成較大的衝擊？
   (1)種植原生樹木　(2)引進外來物種　(3)設立國家公園　(4)設立自然保護區。 …(2)

5. (　) 下列哪一種飲食習慣能減碳抗暖化？
   (1)多吃速食　(2)多吃天然蔬果　(3)多吃牛肉　(4)多選擇吃到飽的餐館。 …(2)

6. (　) 飼主遛狗時，其狗在道路或其他公共場所便溺時，下列何者應優先負清除責任？
   (1)主人　(2)清潔隊　(3)警察　(4)土地所有權人。 …(1)

7. (　) 外食自備餐具是落實綠色消費的哪一項表現？
   (1)重複使用　(2)回收再生　(3)環保選購　(4)降低成本。 …(1)

8. (　) 再生能源一般是指可永續利用之能源，主要包括哪些：A.化石燃料；B.風力；C.太陽能；D.水力？
   (1)ACD　(2)BCD　(3)ABD　(4)ABCD。 …(2)

9. (　) 依環境基本法第 3 條規定，基於國家長期利益，經濟、科技及社會發展均應兼顧環境保護。但如果經濟、科技及社會發展對環境有嚴重不良影響或有危害時，應以何者優先？
   (1)經濟　(2)科技　(3)社會　(4)環境。 …(4)

10. (　) 森林面積的減少甚至消失可能導致哪些影響：A.水資源減少；B.減緩全球暖化；C.加劇全球暖化；D.降低生物多樣性？
    (1)ACD　(2)BCD　(3)ABD　(4)ABCD。 …(1)

11. (　) 塑膠為海洋生態的殺手，所以政府推動「無塑海洋」政策，下列何項不是減少塑膠危害海洋生態的重要措施？
    (1)擴大禁止免費供應塑膠袋　(2)禁止製造、進口及販售含塑膠柔珠的清潔用品　(3)定期進行海水水質監測　(4)淨灘、淨海。 …(3)

12. ( )	違反環境保護法律或自治條例之行政法上義務，經處分機關處停工、停業處分或處新臺幣五千元以上罰鍰者，應接受下列何種講習？ (1)道路交通安全講習　(2)環境講習　(3)衛生講習　(4)消防講習。	(2)
13. ( )	下列何者為環保標章？ (1)　(2)　(3)　(4)	(1)
14. ( )	「聖嬰現象」是指哪一區域的溫度異常升高？ (1)西太平洋表層海水　(2)東太平洋表層海水　(3)西印度洋表層海水　(4)東印度洋表層海水。	(2)
15. ( )	「酸雨」定義為雨水酸鹼值達多少以下時稱之？ (1)5.0　(2)6.0　(3)7.0　(4)8.0。	(1)
16. ( )	一般而言，水中溶氧量隨水溫之上升而呈下列哪一種趨勢？ (1)增加　(2)減少　(3)不變　(4)不一定。	(2)
17. ( )	二手菸中包含多種危害人體的化學物質，甚至多種物質有致癌性，會危害到下列何者的健康？ (1)只對 12 歲以下孩童有影響　(2)只對孕婦比較有影響　(3)只對 65 歲以上之民眾有影響　(4)對二手菸接觸民眾皆有影響。	(4)
18. ( )	二氧化碳和其他溫室氣體含量增加是造成全球暖化的主因之一，下列何種飲食方式也能降低碳排放量，對環境保護做出貢獻：A.少吃肉，多吃蔬菜；B.玉米產量減少時，購買玉米罐頭食用；C.選擇當地食材；D.使用免洗餐具，減少清洗用水與清潔劑？ (1)AB　(2)AC　(3)AD　(4)ACD。	(2)
19. ( )	上下班的交通方式有很多種，其中包括：A.騎腳踏車；B.搭乘大眾交通工具；C.自行開車，請將前述幾種交通方式之單位排碳量由少至多之排列方式為何？ (1)ABC　(2)ACB　(3)BAC　(4)CBA。	(1)
20. ( )	下列何者「不是」室內空氣污染源？ (1)建材　(2)辦公室事務機　(3)廢紙回收箱　(4)油漆及塗料。	(3)
21. ( )	下列何者不是自來水消毒採用的方式？ (1)加入臭氧　(2)加入氯氣　(3)紫外線消毒　(4)加入二氧化碳。	(4)
22. ( )	下列何者不是造成全球暖化的元凶？ (1)汽機車排放的廢氣　(2)工廠所排放的廢氣　(3)火力發電廠所排放的廢氣　(4)種植樹木。	(4)
23. ( )	下列何者不是造成臺灣水資源減少的主要因素？ (1)超抽地下水　(2)雨水酸化　(3)水庫淤積　(4)濫用水資源。	(2)

24. ( ) 下列何者是海洋受污染的現象？ (1)
(1)形成紅潮 (2)形成黑潮 (3)溫室效應 (4)臭氧層破洞。

25. ( ) 水中生化需氧量（BOD）愈高，其所代表的意義為下列何者？ (2)
(1)水為硬水 (2)有機污染物多 (3)水質偏酸 (4)分解污染物時不需消耗太多氧。

26. ( ) 下列何者是酸雨對環境的影響？ (1)
(1)湖泊水質酸化 (2)增加森林生長速度 (3)土壤肥沃 (4)增加水生動物種類。

27. ( ) 下列哪一項水質濃度降低會導致河川魚類大量死亡？ (2)
(1)氨氮 (2)溶氧 (3)二氧化碳 (4)生化需氧量。

28. ( ) 下列何種生活小習慣的改變可減少細懸浮微粒（$PM_{2.5}$）排放，共同為改善空氣品質盡一份心力？ (1)
(1)少吃燒烤食物 (2)使用吸塵器 (3)養成運動習慣 (4)每天喝 500cc 的水。

29. ( ) 下列哪種措施不能用來降低空氣污染？ (4)
(1)汽機車強制定期排氣檢測 (2)汰換老舊柴油車 (3)禁止露天燃燒稻草 (4)汽機車加裝消音器。

30. ( ) 大氣層中臭氧層有何作用？ (3)
(1)保持溫度 (2)對流最旺盛的區域 (3)吸收紫外線 (4)造成光害。

31. ( ) 小李具有乙級廢水專責人員證照，某工廠希望以高價租用證照的方式合作，請問下列何者正確？ (1)
(1)這是違法行為 (2)互蒙其利 (3)價錢合理即可 (4)經環保局同意即可。

32. ( ) 可藉由下列何者改善河川水質且兼具提供動植物良好棲地環境？ (2)
(1)運動公園 (2)人工溼地 (3)滯洪池 (4)水庫。

33. ( ) 台灣自來水之水源主要取自 (2)
(1)海洋的水 (2)河川或水庫的水 (3)綠洲的水 (4)灌溉渠道的水。

34. ( ) 目前市面清潔劑均會強調「無磷」，是因為含磷的清潔劑使用後，若廢水排至河川或湖泊等水域會造成甚麼影響？ (2)
(1)綠牡蠣 (2)優養化 (3)秘雕魚 (4)烏腳病。

35. ( ) 冰箱在廢棄回收時應特別注意哪一項物質，以避免逸散至大氣中造成臭氧層的破壞？ (1)
(1)冷媒 (2)甲醛 (3)汞 (4)苯。

36. ( ) 下列何者不是噪音的危害所造成的現象？ (1)
(1)精神很集中 (2)煩躁、失眠 (3)緊張、焦慮 (4)工作效率低落。

37. ( ) 我國移動污染源空氣污染防制費的徵收機制為何？ (2)
(1)依車輛里程數計費 (2)隨油品銷售徵收 (3)依牌照徵收 (4)依照排氣量徵收。

38. ( ) 室內裝潢時，若不謹慎選擇建材，將會逸散出氣狀污染物。其中會刺激皮膚、眼、鼻和呼吸道，也是致癌物質，可能為下列哪一種污染物？ (2)
(1)臭氧 (2)甲醛 (3)氟氯碳化合物 (4)二氧化碳。

39. ( ) 高速公路旁常見農田違法焚燒稻草，其產生下列何種汙染物除了對人體健康造成不良影響外，亦會造成濃煙影響行車安全？ (1)
(1)懸浮微粒 (2)二氧化碳(CO_2) (3)臭氧(O_3) (4)沼氣。

40. ( ) 都市中常產生的「熱島效應」會造成何種影響？ (2)
(1)增加降雨 (2)空氣污染物不易擴散 (3)空氣污染物易擴散 (4)溫度降低。

41. ( ) 下列何者不是藉由蚊蟲傳染的疾病？ (4)
(1)日本腦炎 (2)瘧疾 (3)登革熱 (4)痢疾。

42. ( ) 下列何者非屬資源回收分類項目中「廢紙類」的回收物？ (4)
(1)報紙 (2)雜誌 (3)紙袋 (4)用過的衛生紙。

43. ( ) 下列何者對飲用瓶裝水之形容是正確的：A.飲用後之寶特瓶容器為地球增加了一個廢棄物；B.運送瓶裝水時卡車會排放空氣污染物；C.瓶裝水一定比經煮沸之自來水安全衛生？ (1)
(1)AB (2)BC (3)AC (4)ABC。

44. ( ) 下列哪一項是我們在家中常見的環境衛生用藥？ (2)
(1)體香劑 (2)殺蟲劑 (3)洗滌劑 (4)乾燥劑。

45. ( ) 下列何者為公告應回收的廢棄物？A.廢鋁箔包；B.廢紙容器；C.寶特瓶 (1)
(1)ABC (2)AC (3)BC (4)C。

46. ( ) 小明拿到「垃圾強制分類」的宣導海報，標語寫著「分3類，好OK」，標語中的分3類是指家戶日常生活中產生的垃圾可以區分哪三類？ (4)
(1)資源垃圾、廚餘、事業廢棄物 (2)資源垃圾、一般廢棄物、事業廢棄物 (3)一般廢棄物、事業廢棄物、放射性廢棄物 (4)資源垃圾、廚餘、一般垃圾。

47. ( ) 家裡有過期的藥品，請問這些藥品要如何處理？ (2)
(1)倒入馬桶沖掉 (2)交由藥局回收 (3)繼續服用 (4)送給相同疾病的朋友。

48. ( ) 台灣西部海岸曾發生的綠牡蠣事件是與下列何種物質污染水體有關？ (2)
(1)汞 (2)銅 (3)磷 (4)鎘。

49. ( ) 在生物鏈越上端的物種其體內累積持久性有機污染物(POPs)濃度將越高，危害性也將越大，這是說明POPs具有下列何種特性？ (4)
(1)持久性 (2)半揮發性 (3)高毒性 (4)生物累積性。

50. ( ) 有關小黑蚊的敘述,下列何者為非? (3)
(1)活動時間以中午十二點到下午三點為活動高峰期 (2)小黑蚊的幼蟲以腐植質、青苔和藻類為食 (3)無論雄性或雌性皆會吸食哺乳類動物血液 (4)多存在竹林、灌木叢、雜草叢、果園等邊緣地帶等處。

51. ( ) 利用垃圾焚化廠處理垃圾的最主要優點為何? (1)
(1)減少處理後的垃圾體積 (2)去除垃圾中所有毒物 (3)減少空氣污染 (4)減少處理垃圾的程序。

52. ( ) 利用豬隻的排泄物當燃料發電,是屬於下列哪一種能源? (3)
(1)地熱能 (2)太陽能 (3)生質能 (4)核能。

53. ( ) 每個人日常生活皆會產生垃圾,有關處理垃圾的觀念與方式,下列何者不正確? (2)
(1)垃圾分類,使資源回收再利用 (2)所有垃圾皆掩埋處理,垃圾將會自然分解 (3)廚餘回收堆肥後製成肥料 (4)可燃性垃圾經焚化燃燒可有效減少垃圾體積。

54. ( ) 防治蚊蟲最好的方法是 (2)
(1)使用殺蟲劑 (2)清除孳生源 (3)網子捕捉 (4)拍打。

55. ( ) 室內裝修業者承攬裝修工程,工程中所產生的廢棄物應該如何處理? (1)
(1)委託合法清除機構清運 (2)倒在偏遠山坡地 (3)河岸邊掩埋 (4)交給清潔隊垃圾車。

56. ( ) 若使用後的廢電池未經回收,直接廢棄所含重金屬物質曝露於環境中可能產生哪些影響?A.地下水污染;B.對人體產生中毒等不良作用;C.對生物產生重金屬累積及濃縮作用;D.造成優養化 (1)
(1)ABC (2)ABCD (3)ACD (4)BCD。

57. ( ) 哪一種家庭廢棄物可用來作為製造肥皂的主要原料? (3)
(1)食醋 (2)果皮 (3)回鍋油 (4)熟廚餘。

58. ( ) 世紀之毒「戴奧辛」主要透過何者方式進入人體? (3)
(1)透過觸摸 (2)透過呼吸 (3)透過飲食 (4)透過雨水。

59. ( ) 臺灣地狹人稠,垃圾處理一直是不易解決的問題,下列何種是較佳的因應對策? (1)
(1)垃圾分類資源回收 (2)蓋焚化廠 (3)運至國外處理 (4)向海爭地掩埋。

60. ( ) 購買下列哪一種商品對環境比較友善? (3)
(1)用過即丟的商品 (2)一次性的產品 (3)材質可以回收的商品 (4)過度包裝的商品。

61. ( ) 下列何項法規的立法目的為預防及減輕開發行為對環境造成不良影響,藉以達成環境保護之目的? (2)
(1)公害糾紛處理法 (2)環境影響評估法 (3)環境基本法 (4)環境教育法。

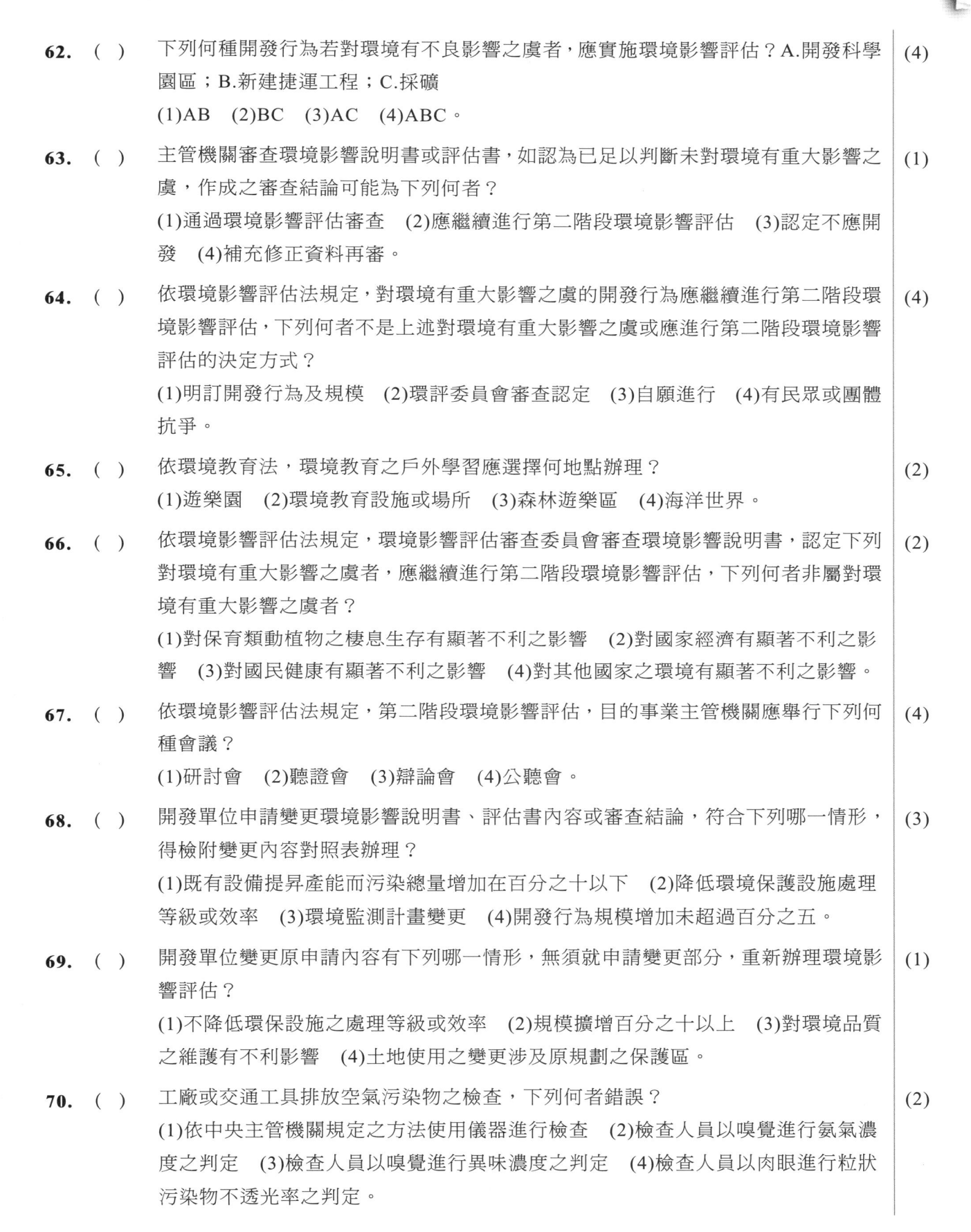

62. ( ) 下列何種開發行為若對環境有不良影響之虞者，應實施環境影響評估？A.開發科學園區；B.新建捷運工程；C.採礦
(1)AB　(2)BC　(3)AC　(4)ABC。 (4)

63. ( ) 主管機關審查環境影響說明書或評估書，如認為已足以判斷未對環境有重大影響之虞，作成之審查結論可能為下列何者？
(1)通過環境影響評估審查　(2)應繼續進行第二階段環境影響評估　(3)認定不應開發　(4)補充修正資料再審。 (1)

64. ( ) 依環境影響評估法規定，對環境有重大影響之虞的開發行為應繼續進行第二階段環境影響評估，下列何者不是上述對環境有重大影響之虞或應進行第二階段環境影響評估的決定方式？
(1)明訂開發行為及規模　(2)環評委員會審查認定　(3)自願進行　(4)有民眾或團體抗爭。 (4)

65. ( ) 依環境教育法，環境教育之戶外學習應選擇何地點辦理？
(1)遊樂園　(2)環境教育設施或場所　(3)森林遊樂區　(4)海洋世界。 (2)

66. ( ) 依環境影響評估法規定，環境影響評估審查委員會審查環境影響說明書，認定下列對環境有重大影響之虞者，應繼續進行第二階段環境影響評估，下列何者非屬對環境有重大影響之虞者？
(1)對保育類動植物之棲息生存有顯著不利之影響　(2)對國家經濟有顯著不利之影響　(3)對國民健康有顯著不利之影響　(4)對其他國家之環境有顯著不利之影響。 (2)

67. ( ) 依環境影響評估法規定，第二階段環境影響評估，目的事業主管機關應舉行下列何種會議？
(1)研討會　(2)聽證會　(3)辯論會　(4)公聽會。 (4)

68. ( ) 開發單位申請變更環境影響說明書、評估書內容或審查結論，符合下列哪一情形，得檢附變更內容對照表辦理？
(1)既有設備提昇產能而污染總量增加在百分之十以下　(2)降低環境保護設施處理等級或效率　(3)環境監測計畫變更　(4)開發行為規模增加未超過百分之五。 (3)

69. ( ) 開發單位變更原申請內容有下列哪一情形，無須就申請變更部分，重新辦理環境影響評估？
(1)不降低環保設施之處理等級或效率　(2)規模擴增百分之十以上　(3)對環境品質之維護有不利影響　(4)土地使用之變更涉及原規劃之保護區。 (1)

70. ( ) 工廠或交通工具排放空氣污染物之檢查，下列何者錯誤？
(1)依中央主管機關規定之方法使用儀器進行檢查　(2)檢查人員以嗅覺進行氨氣濃度之判定　(3)檢查人員以嗅覺進行異味濃度之判定　(4)檢查人員以肉眼進行粒狀污染物不透光率之判定。 (2)

71. ( ) 下列對於空氣污染物排放標準之敘述,何者正確:A.排放標準由中央主管機關訂定;B.所有行業之排放標準皆相同?
    (1)僅 A　(2)僅 B　(3)AB 皆正確　(4)AB 皆錯誤。 (1)

72. ( ) 下列對於細懸浮微粒(PM_{2.5})之敘述何者正確:A.空氣品質測站中自動監測儀所測得之數值若高於空氣品質標準,即判定為不符合空氣品質標準;B.濃度監測之標準方法為中央主管機關公告之手動檢測方法;C.空氣品質標準之年平均值為 15 μg/m³?
    (1)僅 AB　(2)僅 BC　(3)僅 AC　(4)ABC 皆正確。 (2)

73. ( ) 機車為空氣污染物之主要排放來源之一,下列何者可降低空氣污染物之排放量:A.將四行程機車全面汰換成二行程機車;B.推廣電動機車;C.降低汽油中之硫含量?
    (1)僅 AB　(2)僅 BC　(3)僅 AC　(4)ABC 皆正確。 (2)

74. ( ) 公眾聚集量大且滯留時間長之場所,經公告應設置自動監測設施,其應量測之室內空氣污染物項目為何?
    (1)二氧化碳　(2)一氧化碳　(3)臭氧　(4)甲醛。 (1)

75. ( ) 空氣污染源依排放特性分為固定污染源及移動污染源,下列何者屬於移動污染源?
    (1)焚化廠　(2)石化廠　(3)機車　(4)煉鋼廠。 (3)

76. ( ) 我國汽機車移動污染源空氣污染防制費的徵收機制為何?
    (1)依牌照徵收　(2)隨水費徵收　(3)隨油品銷售徵收　(4)購車時徵收。 (3)

77. ( ) 細懸浮微粒(PM_{2.5})除了來自於污染源直接排放外,亦可能經由下列哪一種反應產生?
    (1)光合作用　(2)酸鹼中和　(3)厭氧作用　(4)光化學反應。 (4)

78. ( ) 我國固定污染源空氣污染防制費以何種方式徵收?
    (1)依營業額徵收　(2)隨使用原料徵收　(3)按工廠面積徵收　(4)依排放污染物之種類及數量徵收。 (4)

79. ( ) 在不妨害水體正常用途情況下,水體所能涵容污染物之量稱為
    (1)涵容能力　(2)放流能力　(3)運轉能力　(4)消化能力。 (1)

80. ( ) 水污染防治法中所稱地面水體不包括下列何者?
    (1)河川　(2)海洋　(3)灌溉渠道　(4)地下水。 (4)

81. ( ) 下列何者不是主管機關設置水質監測站採樣的項目?
    (1)水溫　(2)氫離子濃度指數　(3)溶氧量　(4)顏色。 (4)

82. ( ) 事業、污水下水道系統及建築物污水處理設施之廢(污)水處理,其產生之污泥,依規定應作何處理?
    (1)應妥善處理,不得任意放置或棄置　(2)可作為農業肥料　(3)可作為建築土方　(4)得交由清潔隊處理。 (1)

83. ( ) 依水污染防治法,事業排放廢(污)水於地面水體者,應符合下列哪一標準之規定? (2)
(1)下水水質標準 (2)放流水標準 (3)水體分類水質標準 (4)土壤處理標準。

84. ( ) 放流水標準,依水污染防治法應由何機關定之：A.中央主管機關；B.中央主管機關會同相關目的事業主管機關；C.中央主管機關會商相關目的事業主管機關? (3)
(1)僅 A (2)僅 B (3)僅 C (4)ABC。

85. ( ) 對於噪音之量測,下列何者錯誤? (1)
(1)可於下雨時測量 (2)風速大於每秒 5 公尺時不可量測 (3)聲音感應器應置於離地面或樓板延伸線 1.2 至 1.5 公尺之間 (4)測量低頻噪音時,僅限於室內地點測量,非於戶外量測。

86. ( ) 下列對於噪音管制法之規定,何者敘述錯誤? (4)
(1)噪音指超過管制標準之聲音 (2)環保局得視噪音狀況劃定公告噪音管制區 (3)人民得向主管機關檢舉使用中機動車輛噪音妨害安寧情形 (4)使用經校正合格之噪音計皆可執行噪音管制法規定之檢驗測定。

87. ( ) 製造非持續性但卻妨害安寧之聲音者,由下列何單位依法進行處理? (1)
(1)警察局 (2)環保局 (3)社會局 (4)消防局。

88. ( ) 廢棄物、剩餘土石方清除機具應隨車持有證明文件且應載明廢棄物、剩餘土石方之：A 產生源；B 處理地點；C 清除公司 (1)
(1)僅 AB (2)僅 BC (3)僅 AC (4)ABC 皆是。

89. ( ) 從事廢棄物清除、處理業務者,應向直轄市、縣（市）主管機關或中央主管機關委託之機關取得何種文件後,始得受託清除、處理廢棄物業務? (1)
(1)公民營廢棄物清除處理機構許可文件 (2)運輸車輛駕駛證明 (3)運輸車輛購買證明 (4)公司財務證明。

90. ( ) 在何種情形下,禁止輸入事業廢棄物：A.對國內廢棄物處理有妨礙；B.可直接固化處理、掩埋、焚化或海拋；C.於國內無法妥善清理? (4)
(1)僅 A (2)僅 B (3)僅 C (4)ABC。

91. ( ) 毒性化學物質因洩漏、化學反應或其他突發事故而污染運作場所周界外之環境,運作人應立即採取緊急防治措施,並至遲於多久時間內,報知直轄市、縣（市）主管機關? (4)
(1)1 小時 (2)2 小時 (3)4 小時 (4)30 分鐘。

92. ( ) 下列何種物質或物品,受毒性及關注化學物質管理法之管制? (4)
(1)製造醫藥之靈丹 (2)製造農藥之蓋普丹 (3)含汞之日光燈 (4)使用青石綿製造石綿瓦。

93. ( ) 下列何行為不是土壤及地下水污染整治法所指污染行為人之作為? (4)
(1)洩漏或棄置污染物 (2)非法排放或灌注污染物 (3)仲介或容許洩漏、棄置、非法排放或灌注污染物 (4)依法令規定清理污染物。

94. ( ) 依土壤及地下水污染整治法規定，進行土壤、底泥及地下水污染調查、整治及提供、檢具土壤及地下水污染檢測資料時，其土壤、底泥及地下水污染物檢驗測定，應委託何單位辦理？
(1)經中央主管機關許可之檢測機構　(2)大專院校　(3)政府機關　(4)自行檢驗。　　(1)

95. ( ) 為解決環境保護與經濟發展的衝突與矛盾，1992年聯合國環境發展大會（UN Conference on Environment and Development, UNCED）制定通過：
(1)日內瓦公約　(2)蒙特婁公約　(3)21世紀議程　(4)京都議定書。　　(3)

96. ( ) 一般而言，下列哪一個防治策略是屬經濟誘因策略？
(1)可轉換排放許可交易　(2)許可證制度　(3)放流水標準　(4)環境品質標準。　　(1)

97. ( ) 對溫室氣體管制之「無悔政策」係指
(1)減輕溫室氣體效應之同時，仍可獲致社會效益　(2)全世界各國同時進行溫室氣體減量　(3)各類溫室氣體均有相同之減量邊際成本　(4)持續研究溫室氣體對全球氣候變遷之科學證據。　　(1)

98. ( ) 一般家庭垃圾在進行衛生掩埋後，會經由細菌的分解而產生甲烷氣體，有關甲烷氣體對大氣危機中哪一種效應具有影響力？
(1)臭氧層破壞　(2)酸雨　(3)溫室效應　(4)煙霧（smog）效應。　　(3)

99. ( ) 下列國際環保公約，何者限制各國進行野生動植物交易，以保護瀕臨絕種的野生動植物？
(1)華盛頓公約　(2)巴塞爾公約　(3)蒙特婁議定書　(4)氣候變化綱要公約。　　(1)

100. ( ) 因人類活動導致哪些營養物過量排入海洋，造成沿海赤潮頻繁發生，破壞了紅樹林、珊瑚礁、海草，亦使魚蝦銳減，漁業損失慘重？
(1)碳及磷　(2)氮及磷　(3)氮及氯　(4)氯及鎂。　　(2)

90009 節能減碳共同科目

工作項目 04：節能減碳

單選題

1. ( ) 依能源局「指定能源用戶應遵行之節約能源規定」，在正常使用條件下，公眾出入之場所其室內冷氣溫度平均值不得低於攝氏幾度？
(1)26 (2)25 (3)24 (4)22。 (1)

2. ( ) 下列何者為節能標章？
(1) (2) (3) (4) 。 (2)

3. ( ) 下列產業中耗能佔比最大的產業為
(1)服務業 (2)公用事業 (3)農林漁牧業 (4)能源密集產業。 (4)

4. ( ) 下列何者「不是」節省能源的做法？
(1)電冰箱溫度長時間設定在強冷或急冷 (2)影印機當15分鐘無人使用時，自動進入省電模式 (3)電視機勿背著窗戶，並避免太陽直射 (4)短程不開汽車，以儘量搭乘公車、騎單車或步行為宜。 (1)

5. ( ) 經濟部能源署的能源效率標示中，電冰箱分為幾個等級？
(1)1 (2)3 (3)5 (4)7。 (3)

6. ( ) 溫室氣體排放量：指自排放源排出之各種溫室氣體量乘以各該物質溫暖化潛勢所得之合計量，以
(1)氧化亞氮（N_2O） (2)二氧化碳（CO_2） (3)甲烷（CH_4） (4)六氟化硫（SF_6）當量表示。 (2)

7. ( ) 根據氣候變遷因應法，國家溫室氣體長期減量目標於中華民國幾年達成溫室氣體淨零排放？
(1)119 (2)129 (3)139 (4)149。 (3)

8. ( ) 氣候變遷因應法所稱主管機關，在中央為下列何單位？
(1)經濟部能源署 (2)環境部 (3)國家發展委員會 (4)衛生福利部。 (2)

9. ( ) 氣候變遷因應法中所稱：一單位之排放額度相當於允許排放多少的二氧化碳當量
(1)1公斤 (2)1立方米 (3)1公噸 (4)1公升。 (3)

10. ( ) 下列何者「不是」全球暖化帶來的影響？
(1)洪水 (2)熱浪 (3)地震 (4)旱災。 (3)

11.	( )	下列何種方法無法減少二氧化碳？ (1)想吃多少儘量點，剩下可當廚餘回收　(2)選購當地、當季食材，減少運輸碳足跡　(3)多吃蔬菜，少吃肉　(4)自備杯筷，減少免洗用具垃圾量。	(1)
12.	( )	下列何者不會減少溫室氣體的排放？ (1)減少使用煤、石油等化石燃料　(2)大量植樹造林，禁止亂砍亂伐　(3)增高燃煤氣體排放的煙囪　(4)開發太陽能、水能等新能源。	(3)
13.	( )	關於綠色採購的敘述，下列何者錯誤？ (1)採購由回收材料所製造之物品　(2)採購的產品對環境及人類健康有最小的傷害性　(3)選購對環境傷害較少、污染程度較低的產品　(4)以精美包裝為主要首選。	(4)
14.	( )	一旦大氣中的二氧化碳含量增加，會引起那一種後果？ (1)溫室效應惡化　(2)臭氧層破洞　(3)冰期來臨　(4)海平面下降。	(1)
15.	( )	關於建築中常用的金屬玻璃帷幕牆，下列敘述何者正確？ (1)玻璃帷幕牆的使用能節省室內空調使用　(2)玻璃帷幕牆適用於臺灣，讓夏天的室內產生溫暖的感覺　(3)在溫度高的國家，建築物使用金屬玻璃帷幕會造成日照輻射熱，產生室內「溫室效應」　(4)臺灣的氣候濕熱，特別適合在大樓以金屬玻璃帷幕作為建材。	(3)
16.	( )	下列何者不是能源之類型？ (1)電力　(2)壓縮空氣　(3)蒸汽　(4)熱傳。	(4)
17.	( )	我國已制定能源管理系統標準為 (1)CNS 50001　(2)CNS 12681　(3)CNS 14001　(4)CNS 22000。	(1)
18.	( )	台灣電力股份有限公司所謂的三段式時間電價於夏月平日（非週六日）之尖峰用電時段為何？ (1)9：00~16：00　(2)9：00~24：00　(3)6：00~11：00　(4)16：00~22：00。	(4)
19.	( )	基於節能減碳的目標，下列何種光源發光效率最低，不鼓勵使用？ (1)白熾燈泡　(2)LED燈泡　(3)省電燈泡　(4)螢光燈管。	(1)
20.	( )	下列的能源效率分級標示，哪一項較省電？ (1)1　(2)2　(3)3　(4)4。	(1)
21.	( )	下列何者「不是」目前台灣主要的發電方式？ (1)燃煤　(2)燃氣　(3)水力　(4)地熱。	(4)
22.	( )	有關延長線及電線的使用，下列敘述何者錯誤？ (1)拔下延長線插頭時，應手握插頭取下　(2)使用中之延長線如有異味產生，屬正常現象不須理會　(3)應避開火源，以免外覆塑膠熔解，致使用時造成短路　(4)使用老舊之延長線，容易造成短路、漏電或觸電等危險情形，應立即更換。	(2)

23. ( ) 有關觸電的處理方式，下列敘述何者錯誤？ (1)
(1)立即將觸電者拉離現場 (2)把電源開關關閉 (3)通知救護人員 (4)使用絕緣的裝備來移除電源。

24. ( ) 目前電費單中，係以「度」為收費依據，請問下列何者為其單位？ (2)
(1)kW (2)kWh (3)kJ (4)kJh。

25. ( ) 依據台灣電力公司三段式時間電價（尖峰、半尖峰及離峰時段）的規定，請問哪個時段電價最便宜？ (4)
(1)尖峰時段 (2)夏月半尖峰時段 (3)非夏月半尖峰時段 (4)離峰時段。

26. ( ) 當用電設備遭遇電源不足或輸配電設備受限制時，導致用戶暫停或減少用電的情形，常以下列何者名稱出現？ (2)
(1)停電 (2)限電 (3)斷電 (4)配電。

27. ( ) 照明控制可以達到節能與省電費的好處，下列何種方法最適合一般住宅社區兼顧節能、經濟性與實際照明需求？ (2)
(1)加裝 DALI 全自動控制系統 (2)走廊與地下停車場選用紅外線感應控制電燈 (3)全面調低照明需求 (4)晚上關閉所有公共區域的照明。

28. ( ) 上班性質的商辦大樓為了降低尖峰時段用電，下列何者是錯的？ (2)
(1)使用儲冰式空調系統減少白天空調用電需求 (2)白天有陽光照明，所以白天可以將照明設備全關掉 (3)汰換老舊電梯馬達並使用變頻控制 (4)電梯設定隔層停止控制，減少頻繁啟動。

29. ( ) 為了節能與降低電費的需求，應該如何正確選用家電產品？ (2)
(1)選用高功率的產品效率較高 (2)優先選用取得節能標章的產品 (3)設備沒有壞，還是堪用，繼續用，不會增加支出 (4)選用能效分級數字較高的產品，效率較高，5 級的比 1 級的電器產品更省電。

30. ( ) 有效而正確的節能從選購產品開始，就一般而言，下列的因素中，何者是選購電氣設備的最優先考量項目？ (3)
(1)用電量消耗電功率是多少瓦攸關電費支出，用電量小的優先 (2)採購價格比較，便宜優先 (3)安全第一，一定要通過安規檢驗合格 (4)名人或演藝明星推薦，應該口碑較好。

31. ( ) 高效率燈具如果要降低眩光的不舒服，下列何者與降低刺眼眩光影響無關？ (3)
(1)光源下方加裝擴散板或擴散膜 (2)燈具的遮光板 (3)光源的色溫 (4)採用間接照明。

32. ( ) 用電熱爐煮火鍋，採用中溫 50%加熱，比用高溫 100%加熱，將同一鍋水煮開，下列何者是對的？ (4)
(1)中溫 50%加熱比較省電 (2)高溫 100%加熱比較省電 (3)中溫 50%加熱，電流反而比較大 (4)兩種方式用電量是一樣的。

33. ( ) 電力公司為降低尖峰負載時段超載的停電風險,將尖峰時段電價費率(每度電單價)提高,離峰時段的費率降低,引導用戶轉移部分負載至離峰時段,這種電能管理策略稱為
(1)需量競價　(2)時間電價　(3)可停電力　(4)表燈用戶彈性電價。 (2)

34. ( ) 集合式住宅的地下停車場需要維持通風良好的空氣品質,又要兼顧節能效益,下列的排風扇控制方式何者是不恰當的?
(1)淘汰老舊排風扇,改裝取得節能標章、適當容量的高效率風扇　(2)兩天一次運轉通風扇就好了　(3)結合一氧化碳偵測器,自動啟動/停止控制　(4)設定每天早晚二次定期啟動排風扇。 (2)

35. ( ) 大樓電梯為了節能及生活便利需求,可設定部分控制功能,下列何者是錯誤或不正確的做法?
(1)加感應開關,無人時自動關閉電燈與通風扇　(2)縮短每次開門/關門的時間　(3)電梯設定隔樓層停靠,減少頻繁啟動　(4)電梯馬達加裝變頻控制。 (2)

36. ( ) 為了節能及兼顧冰箱的保溫效果,下列何者是錯誤或不正確的做法?
(1)冰箱內上下層間不要塞滿,以利冷藏對流　(2)食物存放位置紀錄清楚,一次拿齊食物,減少開門次數　(3)冰箱門的密封壓條如果鬆弛,無法緊密關門,應儘速更新修復　(4)冰箱內食物擺滿塞滿,效益最高。 (4)

37. ( ) 電鍋剩飯持續保溫至隔天再食用,或剩飯先放冰箱冷藏,隔天用微波爐加熱,就加熱及節能觀點來評比,下列何者是對的?
(1)持續保溫較省電　(2)微波爐再加熱比較省電又方便　(3)兩者一樣　(4)優先選電鍋保溫方式,因為馬上就可以吃。 (2)

38. ( ) 不斷電系統 UPS 與緊急發電機的裝置都是應付臨時性供電狀況;停電時,下列的陳述何者是對的?
(1)緊急發電機會先啟動,不斷電系統 UPS 是後備的　(2)不斷電系統 UPS 先啟動,緊急發電機是後備的　(3)兩者同時啟動　(4)不斷電系統 UPS 可以撐比較久。 (2)

39. ( ) 下列何者為非再生能源?
(1)地熱能　(2)焦煤　(3)太陽能　(4)水力能。 (2)

40. ( ) 欲兼顧採光及降低經由玻璃部分侵入之熱負載,下列的改善方法何者錯誤?
(1)加裝深色窗簾　(2)裝設百葉窗　(3)換裝雙層玻璃　(4)貼隔熱反射膠片。 (1)

41. ( ) 一般桶裝瓦斯(液化石油氣)主要成分為丁烷與下列何種成分所組成?
(1)甲烷　(2)乙烷　(3)丙烷　(4)辛烷。 (3)

42. ( ) 在正常操作,且提供相同暖氣之情形下,下列何種暖氣設備之能源效率最高?
(1)冷暖氣機　(2)電熱風扇　(3)電熱輻射機　(4)電暖爐。 (1)

43. ( ) 下列何種熱水器所需能源費用最少?
(1)電熱水器　(2)天然瓦斯熱水器　(3)柴油鍋爐熱水器　(4)熱泵熱水器。 (4)

44. ( ) 某公司希望能進行節能減碳，為地球盡點心力，以下何種作為並不恰當？ (4)
(1)將採購規定列入以下文字：「汰換設備時首先考慮能源效率1級或具有節能標章之產品」 (2)盤查所有能源使用設備 (3)實行能源管理 (4)為考慮經營成本，汰換設備時採買最便宜的機種。

45. ( ) 冷氣外洩會造成能源之浪費，下列的入門設施與管理何者最耗能？ (2)
(1)全開式有氣簾 (2)全開式無氣簾 (3)自動門有氣簾 (4)自動門無氣簾。

46. ( ) 下列何者「不是」潔淨能源？ (4)
(1)風能 (2)地熱 (3)太陽能 (4)頁岩氣。

47. ( ) 有關再生能源中的風力、太陽能的使用特性中，下列敘述中何者錯誤？ (2)
(1)間歇性能源，供應不穩定 (2)不易受天氣影響 (3)需較大的土地面積 (4)設置成本較高。

48. ( ) 有關台灣能源發展所面臨的挑戰，下列選項何者是錯誤的？ (3)
(1)進口能源依存度高，能源安全易受國際影響 (2)化石能源所占比例高，溫室氣體減量壓力大 (3)自產能源充足，不需仰賴進口 (4)能源密集度較先進國家仍有改善空間。

49. ( ) 若發生瓦斯外洩之情形，下列處理方法中錯誤的是？ (3)
(1)應先關閉瓦斯爐或熱水器等開關 (2)緩慢地打開門窗，讓瓦斯自然飄散 (3)開啟電風扇，加強空氣流動 (4)在漏氣止住前，應保持警戒，嚴禁煙火。

50. ( ) 全球暖化潛勢（Global Warming Potential, GWP）是衡量溫室氣體對全球暖化的影響，其中是以何者為比較基準？ (1)
(1)CO_2 (2)CH_4 (3)SF_6 (4)N_2O。

51. ( ) 有關建築之外殼節能設計，下列敘述中錯誤的是？ (4)
(1)開窗區域設置遮陽設備 (2)大開窗面避免設置於東西日曬方位 (3)做好屋頂隔熱設施 (4)宜採用全面玻璃造型設計，以利自然採光。

52. ( ) 下列何者燈泡的發光效率最高？ (1)
(1)LED燈泡 (2)省電燈泡 (3)白熾燈泡 (4)鹵素燈泡。

53. ( ) 有關吹風機使用注意事項，下列敘述中錯誤的是？ (4)
(1)請勿在潮濕的地方使用，以免觸電危險 (2)應保持吹風機進、出風口之空氣流通，以免造成過熱 (3)應避免長時間使用，使用時應保持適當的距離 (4)可用來作為烘乾棉被及床單等用途。

54. ( ) 下列何者是造成聖嬰現象發生的主要原因？ (2)
(1)臭氧層破洞 (2)溫室效應 (3)霧霾 (4)颱風。

55. ( ) 為了避免漏電而危害生命安全，下列「不正確」的做法是？ (4)
(1)做好用電設備金屬外殼的接地 (2)有濕氣的用電場合，線路加裝漏電斷路器 (3)加強定期的漏電檢查及維護 (4)使用保險絲來防止漏電的危險性。

56. ( ) 用電設備的線路保護用電力熔絲（保險絲）經常燒斷，造成停電的不便，下列「不正確」的作法是？ (1)
(1)換大一級或大兩級規格的保險絲或斷路器就不會燒斷了　(2)減少線路連接的電氣設備，降低用電量　(3)重新設計線路，改較粗的導線或用兩迴路並聯　(4)提高用電設備的功率因數。

57. ( ) 政府為推廣節能設備而補助民眾汰換老舊設備，下列何者的節電效益最佳？ (2)
(1)將桌上檯燈光源由螢光燈換為 LED 燈　(2)優先淘汰 10 年以上的老舊冷氣機為能源效率標示分級中之一級冷氣機　(3)汰換電風扇，改裝設能源效率標示分級為一級的冷氣機　(4)因為經費有限，選擇便宜的產品比較重要。

58. ( ) 依據我國現行國家標準規定，冷氣機的冷氣能力標示應以何種單位表示？ (1)
(1)kW　(2)BTU/h　(3)kcal/h　(4)RT。

59. ( ) 漏電影響節電成效，並且影響用電安全，簡易的查修方法為 (1)
(1)電氣材料行買支驗電起子，碰觸電氣設備的外殼，就可查出漏電與否　(2)用手碰觸就可以知道有無漏電　(3)用三用電表檢查　(4)看電費單有無紀錄。

60. ( ) 使用了 10 幾年的通風換氣扇老舊又骯髒，噪音又大，維修時採取下列哪一種對策最為正確及節能？ (2)
(1)定期拆下來清洗油垢　(2)不必再猶豫，10 年以上的電扇效率偏低，直接換為高效率通風扇　(3)直接噴沙拉脫清潔劑就可以了，省錢又方便　(4)高效率通風扇較貴，換同機型的廠內備用品就好了。

61. ( ) 電氣設備維修時，在關掉電源後，最好停留 1 至 5 分鐘才開始檢修，其主要的理由為下列何者？ (3)
(1)先平靜心情，做好準備才動手　(2)讓機器設備降溫下來再查修　(3)讓裡面的電容器有時間放電完畢，才安全　(4)法規沒有規定，這完全沒有必要。

62. ( ) 電氣設備裝設於有潮濕水氣的環境時，最應該優先檢查及確認的措施是？ (1)
(1)有無在線路上裝設漏電斷路器　(2)電氣設備上有無安全保險絲　(3)有無過載及過熱保護設備　(4)有無可能傾倒及生鏽。

63. ( ) 為保持中央空調主機效率，最好每隔多久時間應請維護廠商或保養人員檢視中央空調主機？ (1)
(1)半年　(2)1 年　(3)1.5 年　(4)2 年。

64. ( ) 家庭用電最大宗來自於 (1)
(1)空調及照明　(2)電腦　(3)電視　(4)吹風機。

65. ( ) 冷氣房內為減少日照高溫及降低空調負載，下列何種處理方式是錯誤的？ (2)
(1)窗戶裝設窗簾或貼隔熱紙　(2)將窗戶或門開啟，讓屋內外空氣自然對流　(3)屋頂加裝隔熱材、高反射率塗料或噴水　(4)於屋頂進行薄層綠化。

66. ( ) 有關電冰箱放置位置的處理方式,下列何者是正確的? (2)
(1)背後緊貼牆壁節省空間 (2)背後距離牆壁應有 10 公分以上空間,以利散熱
(3)室內空間有限,側面緊貼牆壁就可以了 (4)冰箱最好貼近流理台,以便存取食材。

67. ( ) 下列何項「不是」照明節能改善需優先考量之因素? (2)
(1)照明方式是否適當 (2)燈具之外型是否美觀 (3)照明之品質是否適當 (4)照度是否適當。

68. ( ) 醫院、飯店或宿舍之熱水系統耗能大,要設置熱水系統時,應優先選用何種熱水系統較節能? (2)
(1)電能熱水系統 (2)熱泵熱水系統 (3)瓦斯熱水系統 (4)重油熱水系統。

69. ( ) 如下圖,你知道這是什麼標章嗎? (4)

(1)省水標章 (2)環保標章 (3)奈米標章 (4)能源效率標示。

70. ( ) 台灣電力公司電價表所指的夏月用電月份(電價比其他月份高)是為 (3)
(1)4/1~7/31 (2)5/1~8/31 (3)6/1~9/30 (4)7/1~10/31。

71. ( ) 屋頂隔熱可有效降低空調用電,下列何項措施較不適當? (1)
(1)屋頂儲水隔熱 (2)屋頂綠化 (3)於適當位置設置太陽能板發電同時加以隔熱 (4)鋪設隔熱磚。

72. ( ) 電腦機房使用時間長、耗電量大,下列何項措施對電腦機房之用電管理較不適當? (1)
(1)機房設定較低之溫度 (2)設置冷熱通道 (3)使用較高效率之空調設備 (4)使用新型高效能電腦設備。

73. ( ) 下列有關省水標章的敘述中正確的是? (3)
(1)省水標章是環境部為推動使用節水器材,特別研定以作為消費者辨識省水產品的一種標誌 (2)獲得省水標章的產品並無嚴格測試,所以對消費者並無一定的保障 (3)省水標章能激勵廠商重視省水產品的研發與製造,進而達到推廣節水良性循環之目的 (4)省水標章除有用水設備外,亦可使用於冷氣或冰箱上。

74. ( ) 透過淋浴習慣的改變就可以節約用水,以下的何種方式正確? (2)
(1)淋浴時抹肥皂,無需將蓮蓬頭暫時關上 (2)等待熱水前流出的冷水可以用水桶接起來再利用 (3)淋浴流下的水不可以刷洗浴室地板 (4)淋浴沖澡流下的水,可以儲蓄洗菜使用。

75. ( ) 家人洗澡時，一個接一個連續洗，也是一種有效的省水方式嗎？　(1)
(1)是，因為可以節省等待熱水流出之前所先流失的冷水　(2)否，這跟省水沒什麼關係，不用這麼麻煩　(3)否，因為等熱水時流出的水量不多　(4)有可能省水也可能不省水，無法定論。

76. ( ) 下列何種方式有助於節省洗衣機的用水量？　(2)
(1)洗衣機洗滌的衣物盡量裝　滿，一次洗完　(2)購買洗衣機時選購有省水標章的洗衣機，可有效節約用水　(3)無需將衣物適當分類　(4)洗濯衣物時盡量選擇高水位才洗的乾淨。

77. ( ) 如果水龍頭流量過大，下列何種處理方式是錯誤的？　(3)
(1)加裝節水墊片或起波器　(2)加裝可自動關閉水龍頭的自動感應器　(3)直接換裝沒有省水標章的水龍頭　(4)直接調整水龍頭到適當水量。

78. ( ) 洗菜水、洗碗水、洗衣水、洗澡水等的清洗水，不可直接利用來做什麼用途？　(4)
(1)洗地板　(2)沖馬桶　(3)澆花　(4)飲用水。

79. ( ) 如果馬桶有不正常的漏水問題，下列何者處理方式是錯誤的？　(1)
(1)因為馬桶還能正常使用，所以不用著急，等到不能用時再報修即可　(2)立刻檢查馬桶水箱零件有無鬆脫，並確認有無漏水　(3)滴幾滴食用色素到水箱裡，檢查有無有色水流進馬桶，代表可能有漏水　(4)通知水電行或檢修人員來檢修，徹底根絕漏水問題。

80. ( ) 水費的計量單位是「度」，你知道一度水的容量大約有多少？　(3)
(1)2,000公升　(2)3000個600cc的寶特瓶　(3)1立方公尺的水量　(4)3立方公尺的水量。

81. ( ) 臺灣在一年中什麼時期會比較缺水（即枯水期）？　(3)
(1)6月至9月　(2)9月至12月　(3)11月至次年4月　(4)臺灣全年不缺水。

82. ( ) 下列何種現象「不是」直接造成台灣缺水的原因？　(4)
(1)降雨季節分佈不平均，有時候連續好幾個月不下雨，有時又會下起豪大雨
(2)地形山高坡陡，所以雨一下很快就會流入大海　(3)因為民生與工商業用水需求量都愈來愈大，所以缺水季節很容易無水可用　(4)台灣地區夏天過熱，致蒸發量過大。

83. ( ) 冷凍食品該如何讓它退冰，才是既「節能」又「省水」？　(3)
(1)直接用水沖食物強迫退冰　(2)使用微波爐解凍快速又方便　(3)烹煮前盡早拿出來放置退冰　(4)用熱水浸泡，每5分鐘更換一次。

84. ( ) 洗碗、洗菜用何種方式可以達到清洗又省水的效果？　(2)
(1)對著水龍頭直接沖洗，且要盡量將水龍頭開大才能確保洗的乾淨　(2)將適量的水放在盆槽內洗濯，以減少用水　(3)把碗盤、菜等浸在水盆裡，再開水龍頭拼命沖水　(4)用熱水及冷水大量交叉沖洗達到最佳清洗效果。

85. ( ) 解決台灣水荒（缺水）問題的無效對策是 (1)興建水庫、蓄洪（豐）濟枯 (2)全面節約用水 (3)水資源重複利用，海水淡化…等 (4)積極推動全民體育運動。 (4)

86. ( ) 如下圖，你知道這是什麼標章嗎？
(1)奈米標章 (2)環保標章 (3)省水標章 (4)節能標章。 (3)

87. ( ) 澆花的時間何時較為適當，水分不易蒸發又對植物最好？
(1)正中午 (2)下午時段 (3)清晨或傍晚 (4)半夜十二點。 (3)

88. ( ) 下列何種方式沒有辦法降低洗衣機之使用水量，所以不建議採用？
(1)使用低水位清洗 (2)選擇快洗行程 (3)兩、三件衣服也丟洗衣機洗 (4)選擇有自動調節水量的洗衣機。 (3)

89. ( ) 有關省水馬桶的使用方式與觀念認知，下列何者是錯誤的？
(1)選用衛浴設備時最好能採用省水標章馬桶 (2)如果家裡的馬桶是傳統舊式，可以加裝二段式沖水配件 (3)省水馬桶因為水量較小，會有沖不乾淨的問題，所以應該多沖幾次 (4)因為馬桶是家裡用水的大宗，所以應該儘量採用省水馬桶來節約用水。 (3)

90. ( ) 下列的洗車方式，何者「無法」節約用水？
(1)使用有開關的水管可以隨時控制出水 (2)用水桶及海綿抹布擦洗 (3)用大口徑強力水注沖洗 (4)利用機械自動洗車，洗車水處理循環使用。 (3)

91. ( ) 下列何種現象「無法」看出家裡有漏水的問題？
(1)水龍頭打開使用時，水表的指針持續在轉動 (2)牆面、地面或天花板忽然出現潮濕的現象 (3)馬桶裡的水常在晃動，或是沒辦法止水 (4)水費有大幅度增加。 (1)

92. ( ) 蓮蓬頭出水量過大時，下列對策何者「無法」達到省水？
(1)換裝有省水標章的低流量（5~10 L/min）蓮蓬頭 (2)淋浴時水量開大，無需改變使用方法 (3)洗澡時間盡量縮短，塗抹肥皂時要把蓮蓬頭關起來 (4)調整熱水器水量到適中位置。 (2)

93. ( ) 自來水淨水步驟，何者是錯誤的？
(1)混凝 (2)沉澱 (3)過濾 (4)煮沸。 (4)

94. ( ) 為了取得良好的水資源，通常在河川的哪一段興建水庫？
(1)上游 (2)中游 (3)下游 (4)下游出口。 (1)

95. ( ) 台灣是屬缺水地區，每人每年實際分配到可利用水量是世界平均值的約多少？
(1)1/2 (2)1/4 (3)1/5 (4)1/6。 (4)

96. ( ) 台灣年降雨量是世界平均值的 2.6 倍，卻仍屬缺水地區，下列何者不是真正缺水的原因？ (3)
(1)台灣由於山坡陡峻，以及颱風豪雨雨勢急促，大部分的降雨量皆迅速流入海洋
(2)降雨量在地域、季節分佈極不平均　(3)水庫蓋得太少　(4)台灣自來水水價過於便宜。

97. ( ) 電源插座堆積灰塵可能引起電氣意外火災，維護保養時的正確做法是？ (3)
(1)可以先用刷子刷去積塵　(2)直接用吹風機吹開灰塵就可以了　(3)應先關閉電源總開關箱內控制該插座的分路開關，然後再清理灰塵　(4)可以用金屬接點清潔劑噴在插座中去除銹蝕。

98. ( ) 溫室氣體易造成全球氣候變遷的影響，下列何者不屬於溫室氣體？ (4)
(1)二氧化碳（CO_2）　(2)氫氟碳化物（HFCs）　(3)甲烷（CH_4）　(4)氧氣（O_2）。

99. ( ) 就能源管理系統而言，下列何者不是能源效率的表示方式？ (4)
(1)汽車－公里/公升　(2)照明系統－瓦特/平方公尺（W/m^2）　(3)冰水主機－千瓦/冷凍噸（kW/RT）　(4)冰水主機－千瓦（kW）。

100. ( ) 某工廠規劃汰換老舊低效率設備，以下何種做法並不恰當？ (3)
(1)可考慮使用較高效率設備產品　(2)先針對老舊設備建立其「能源指標」或「能源基線」　(3)唯恐一直浪費能源，未經評估就馬上將老舊設備汰換掉　(4)改善後需進行能源績效評估。

90011 資訊相關職類共用工作項目

工作項目 01：電腦硬體架構

1. ( ) 在量販店內，商品包裝上所貼的「條碼(Barcode)」係協助結帳及庫存盤點之用，則該條碼在此方面之資料處理作業上係屬於下列何者？
   (1)輸入設備 (2)輸入媒體 (3)輸出設備 (4)輸出媒體。 (2)

2. ( ) 有關「CPU及記憶體處理」之說明，下列何者「不正確」？
   (1)控制單元負責指揮協調各單元運作 (2)I/O負責算術運算及邏輯運算
   (3)ALU負責算術運算及邏輯運算 (4)記憶單元儲存程式指令及資料。 (2)

3. ( ) 有關二進位數的表示法，下列何者「不正確」？
   (1)101 (2)1A (3)1 (4)11001。 (2)

   解析 2進位制僅用0與1表達，1A是16位進位制。

4. ( ) 負責電腦開機時執行系統自動偵測及支援相關應用程式,具輸入輸出功能的元件為下列何者？
   (1)DOS (2)BIOS (3)I/O (4)RAM。 (2)

5. ( ) 在處理器中位址匯流排有32條，可以定出多少記憶體位址？
   (1)512MB (2)1GB (3)2GB (4)4GB。 (4)

   解析 CPU對記憶體單向輸出的排線，負責傳送位址，位址匯流排可決定主記憶體的最大記憶體容量。如果位址匯流排有N條排線（N位元），則主記憶體最大可定址到2^N個記憶體位址，而一個記憶體位址可存放一個位元組（Byte），因此主記憶體有2^NBytes的記憶體空間。所以本題有32條換算2^{32} Bytes= $2^2 * 2^{30}$ Bytes= 4GBytes記憶體空間。

6. ( ) 下列何者屬於揮發性記憶體？
   (1)Hard Disk (2)Flash Memory (3)ROM (4)RAM。 (4)

   解析 所謂揮發性記憶體是指當電源消失時，其記憶體內容即消失，RAM隨機存取記憶體屬揮發性記憶體。
   Hard Disk硬碟、Flash Memory快閃記憶體(如常見的USB隨身碟)及ROM唯讀記憶體均非揮發性記憶體。

7. ( ) 下列技術何者為一個處理器中含有兩個執行單元，可以同時執行兩個並行執行緒，以提升處理器的運算效能與多工作業的能力？
   (1)超執行緒(Hyper Thread) (2)雙核心(Dual Core) (3)超純量(Super Scalar)
   (4)單指令多資料(Single Instruction Multiple Data)。 (2)

8. ( ) 下列技術何者為將一個處理器模擬成多個邏輯處理器,以提升程式執行之效能？
   (1)超執行緒(Hyper Thread) (2)雙核心(Dual Core) (3)超純量(Super Scalar)
   (4)單指令多資料(Single Instruction Multiple Data)。 (1)

9. ( ) 有關記憶體的敘述，下列何者「不正確」？　　　　　　　　　　　　　　(2)
(1)CPU 中的暫存器執行速度比主記憶體快　(2)快取磁碟(Disk Cache)是利用記憶體中的快取記憶體(Cache Memory)來存放資料　(3)在系統軟體中，透過軟體與輔助儲存體來擴展主記憶體容量，使數個大型程式得以同時放在主記憶體內執行的技術是虛擬記憶體(Virtual Memory)　(4)個人電腦上大都有 Level1(L1)及 Level2(L2)快取記憶體(Cache Memory)，其中 L1 快取的速度較快，但容量較小。

解析 Disk Cache 磁碟快取是為了減少 CPU 透過 I/O 讀寫磁碟機的次數，提昇磁碟讀寫效率，用一塊記憶體來暫存讀寫較頻繁的磁碟內容。

10. ( ) 有關電腦衡量單位之敘述，下列何者「不正確」？　　　　　　　　　　　(4)
(1)衡量印表機解析度的單位是 DPI(Dots Per Inch)　(2)磁帶資料儲存密度的單位是 BPI(Bytes Per Inch)　(3)衡量雷射印表機列印速度的單位是 PPM(Pages Per Minute)　(4)通訊線路傳輸速率的單位是 BPS(Bytes Per Second)。

解析 電腦的數位通訊線路傳輸速率的單位通常是位元計算，應為 bit per second，代表每秒可以傳送幾個位元，也就是每秒可以傳送幾個 0 或 1

11. ( ) 有關電腦儲存資料所需記憶體的大小排序，下列何者正確？　　　　　　　(1)
(1)1TB＞1GB＞1MB＞1KB　(2)1KB＞1GB＞1MB＞1TB　(3)1GB＞1MB＞1TB＞1KB　(4)1TB＞1KB＞1MB＞1GB。

12. ( ) 以微控制器為核心，並配合適當的周邊設備，以執行特定功能，主要是用來控制、監督或輔助特定設備的裝置，其架構仍屬於一種電腦系統(包含處理器、記憶體、輸入與輸出等硬體元素)，目前最常見的應用有 PDA、手機及資訊家電，這種系統稱為下列何者？　　　　　　　　　　　　　　　　　　　　　　　　　　　　(2)
(1)伺服器系統　(2)嵌入式系統　(3)分散式系統　(4)個人電腦系統。

13. ( ) 有 A,B 兩個大小相同的檔案，A 檔案儲存在硬碟連續的位置，而 B 檔案儲存在硬碟分散的位置，因此 A 檔案的存取時間比 B 檔案少，下列何者為主要影響因素？　　　　　　　　　　　　　　　　　　　　　　　　　　　　　　　　(4)
(1)CPU 執行時間(Execution Time)　(2)記憶體存取時間(Memory Access Time)　(3)傳送時間(Transfer Time)　(4)搜尋時間(Seek Time)。

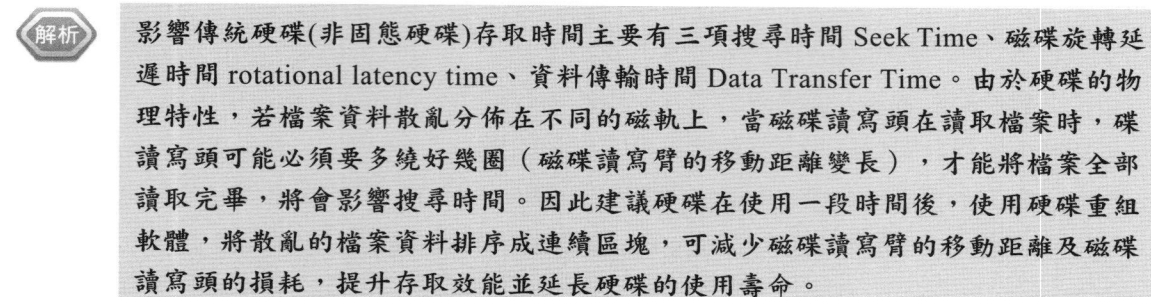

解析 影響傳統硬碟(非固態硬碟)存取時間主要有三項搜尋時間 Seek Time、磁碟旋轉延遲時間 rotational latency time、資料傳輸時間 Data Transfer Time。由於硬碟的物理特性，若檔案資料散亂分佈在不同的磁軌上，當磁碟讀寫頭在讀取檔案時，碟讀寫頭可能必須要多繞好幾圈（磁碟讀寫臂的移動距離變長），才能將檔案全部讀取完畢，將會影響搜尋時間。因此建議硬碟在使用一段時間後，使用硬碟重組軟體，將散亂的檔案資料排序成連續區塊，可減少磁碟讀寫臂的移動距離及磁碟讀寫頭的損耗，提升存取效能並延長硬碟的使用壽命。

14. ( ) 有關資料表示，下列何者「不正確」？　　　　　　　　　　　　　　　　(3)
(1)1Byte = 8bits　(2)1KB = 2^{10}Bytes　(3)1MB = 2^{15}Bytes　(4)1GB = 2^{30}Bytes。

解析
1KB=1024Bytes=2^{10}Bytes
1MB=1024*1024Bytes=$2^{10}*2^{10}$Bytes=2^{20}Bytes
1GB=1024*1024*1024Bytes=$2^{10}*2^{10}*2^{10}$Bytes=2^{30}Bytes

15. ( ) 有關資料儲存媒體之敘述，下列何者正確？ (4)
    (1)儲存資料之光碟片，可以直接用餐巾紙沾水以同心圓擦拭，以保持資料儲存良好狀況 (2)MO(Magnetic Optical)光碟機所使用的光碟片，外型大小及儲存容量均與 CD-ROM 相同 (3)RAM 是一個經設計燒錄於硬體設備之記憶體 (4)可消除及可規劃之唯讀記憶體的縮寫為 EPROM。

解析 EPROM 是 Erasable(可消除) Programmable(可規劃或可程式) Read Only Memory 的縮寫，只可以由紫外線抹去記憶體內部資料並可以再次重新載入新的程式或資料。

16. ( ) 下列何者為 RAID(Redundant Array of Independent Disks)技術的主要用途？ (1)
    (1)儲存資料 (2)傳輸資料 (3)播放音樂 (4)播放影片。

解析 RAID（Redundant Array of Independent Disks：磁碟陣列）組合 2 個以上硬碟，成為一個磁碟陣列組，增強資料整合度，增強容錯功能，增加處理量或容量。

17. ( ) 硬碟的轉速會影響下列何者磁碟機在讀取檔案時所需花的時間？ (1)
    (1)旋轉延遲(Rotational Latency)
    (2)尋找時間(Seek Time)
    (3)資料傳輸(Transfer Time)
    (4)磁頭切換(Head Switching)。

解析 影響傳統硬碟(非固態硬碟)存取時間主要有三項搜尋時間 Seek Time、磁碟旋轉延遲時間 rotational latency time、資料傳輸時間 Data Transfer Time。由於硬碟的物理特性，當磁碟讀寫頭在讀取檔案時，硬碟必須旋轉及配合磁碟讀寫臂的移動，碟讀寫頭才能將檔案全部讀取完畢，因此硬碟的轉速將會影響旋轉延遲時間。

18. ( ) 微處理器與外部連接之各種訊號匯流排，何者具有雙向流通性？ (3)
    (1)控制匯流排 (2)狀態匯流排 (3)資料匯流排 (4)位址匯流排。

解析
控制匯流排：單向流通或稱單工
資料匯流排：雙向流通或稱雙工
位址匯流排：單向流通或稱單工

19. ( ) 下列何者是「美國標準資訊交換碼」的簡稱？ (3)
    (1)IEEE (2)CNS (3)ASCII (4)ISO。

解析 全文及中文說明如下：
IEEE：Institute of Electrical and Electronics Engineers，電機電子工程師學會
CNS：National Standards of the Republic of China，中華民國國家標準
ASCII：American Standard Code for Information Interchange，美國標準資訊交換碼
ISO：International Organization for Standardization，國際標準化組織

20. ( ) 下列何者內建於中央處理器(CPU)做為 CPU 暫存資料，以提升電腦的效能？ (1)
(1)快取記憶體(Cache) (2)快閃記憶體(Flash Memory) (3)靜態隨機存取記憶體(SRAM) (4)動態隨機存取記憶體(DRAM)。

工作項目 02：網路概論與應用

1. ( ) 下列何者為制定網際網路(Internet)相關標準的機構？ (1)
(1)IETF (2)IEEE (3)ANSI (4)ISO。

解析 IETF 網際網路工程任務組（Internet Engineering Task Force）負責開發和推廣網際網路標準（Internet Standard，英文縮寫為 STD）的國際組織。

2. ( ) 下列何者為專有名詞「WWW」之中文名稱？ (3)
(1)區域網路 (2)網際網路 (3)全球資訊網 (4)社群網路。

解析 WWW：全球資訊網(WORLD WIDE WEB 的縮寫)可藉以瀏覽 internet 上各種數據的瀏覽系統。

3. ( ) 下列何者不是合法的 IP 位址？ (4)
(1)120.80.40.20 (2)140.92.1.50 (3)192.83.166.5 (4)258.128.33.24。

解析 IPv4 的有效表示範圍為 0~255.0~255.0~255.0~255

4. ( ) 有關網際網路之敘述，下列何者「不正確」？ (1)
(1)IPv4 之子網路與 IPv6 之子網路只要兩端直接以傳輸線相連即可互相傳送資料 (2)IPv4 之位址可以被轉化為 IPv6 之位址 (3)IPv6 之位址有 128 位元 (4)IPv4 之位址有 32 位元。

5. ( ) 在 OSI(Open System Interconnection)通信協定中，電子郵件的服務屬於下列哪一層？ (4)
(1)傳送層(Transport Layer) (2)交談層(Session Layer) (3)表示層(Presentation Layer) (4)應用層(Application Layer)。

6. ( ) 有關藍牙(Bluetooth)技術特性之敘述，下列何者「不正確」？ (4)
(1)傳輸距離約 10 公尺 (2)低功率 (3)使用 2.4GHz 頻段 (4)傳輸速率約為 10Mbps。

解析 藍牙(Bluetooth)5.1 版最大傳輸速度 48Mbs，傳輸距離 300 公尺。

7. ( ) 有關網際網路協定之敘述，下列何者「不正確」？ (2)
(1)TCP 是一種可靠傳輸 (2)HTTP 是一種安全性的傳輸 (3)HTTP 使用 TCP 來傳輸資料 (4)UDP 是一種不可靠傳輸。

解析 HTTP 是無加密非安全性傳輸，HTTPS 是 SSL 加密安全傳輸協定。

8. ( ) 下列何者是較為安全的加密傳輸協定？ (1)
(1)SSH (2)HTTP (3)FTP (4)SMTP。

> **解析** SSH(Secure Shell)是一種加密的網絡傳輸協議，為網路服務提供安全的傳輸環境。使用者可以以加密的形式，遠端控制電腦、傳輸檔案。

9. ( ) 物聯網(IoT)通訊物件通常具備移動性，為支援這樣的通訊特性，需求的網路技術主要為下列何者？
   (1)分散式運算 (2)網格運算 (3)跨網域運算能力 (4)物件動態連結。 (4)

10. ( ) 若電腦教室內的電腦皆以雙絞線連結至某一台集線器上，則此種網路架構為下列何者？
    (1)星狀拓樸 (2)環狀拓樸 (3)匯流排拓樸 (4)網狀拓樸。 (1)

11. ( ) 下列設備，何者可以讓我們在只有一個IP的狀況下，提供多部電腦上網？
    (1)集線器(Hub) (2)IP分享器 (3)橋接器(Bridge) (4)數據機(Modem)。 (2)

> **解析** 軟乙項1-164

12. ( ) 當一個區域網路過於忙碌，打算將其分開成兩個子網路時，此時應加裝下列何種裝置？
    (1)路徑器(Router) (2)橋接器(Bridge) (3)閘道器(Gateway) (4)網路連接器(Connector)。 (2)

13. ( ) 下列何種電腦通訊傳輸媒體之傳輸速度最快？
    (1)同軸電纜 (2)雙絞線 (3)電話線 (4)光纖。 (4)

> **解析** 傳輸媒介速度：光纖 > 雙絞線 > 同軸電纜 > 電話線。

14. ( ) 下列何者為真實的MAC(Media Access Control)位址？
    (1)00:05:J6:0D:91:K1 (2)10.0.0.1-255.255.255.0 (3)00:05:J6:0D:91:B1 (4)00:D0:A0:5C:C1:B5。 (4)

> **解析** MAC位址共48位元（6個位元組），以十六進位表示。前24位元由IEEE決定如何分配，後24位元由實際生產該網路裝置的廠商自行指定。

15. ( ) 下列何種IEEE Wireless LAN標準的傳輸速率最低？
    (1)802.11a (2)802.11b (3)802.11g (4)802.11n。 (2)

> **解析** IEEE Wireless LAN標準傳輸速率，如下表

標準	頻帶	傳輸速率	傳輸距離
IEEE 802.11b	2.4 GHz	11 Mbps	100公尺
IEEE 802.11a	5 GHz	54 Mbps	50公尺
IEEE 802.11g	2.4 GHz	54 Mbps	100公尺
IEEE 802.11n	2.4 GHz 5 GHz	MAX600Mbps	100公尺

16. ( ) NAT(Network Address Translation)的用途為下列何者？
    (1)電腦主機與IP位址的轉換 (2)IP位址轉換為實體位址 (3)組織內部私有IP位址與網際網路合法IP位址的轉換 (4)封包轉送路徑選擇。 (3)

17. ( ) 下列何種服務可將 Domain Name 對應為 IP 位址？ (2)
(1)WINS　(2)DNS　(3)DHCP　(4)Proxy。

> **解析** WINS：Windows Internet Name Service 其目的用來解決在路由環境中解析 NetBIOS 名稱的問題，WINS 是 NetBIOS 名稱解析解決方案，是由微軟公司所發展出來的一種網路名稱轉換服務，WINS 可以將 NetBIOS 電腦名稱轉換為對應的 IP 位址。
> DNS：Domain Name System(或 Service)，領域名稱(Domain name)與位址(IP address)相互之間的轉換。
> DHCP：負責動態分配 IP 位址，當網路中有任何一台電腦要連線時，向 DHCP 伺服器要求一組 IP 位址，DHCP 伺服器會從資料庫中找出一個目前尚未被使用的 IP 位址提供給該電腦使用，使用完畢後電腦再將這個 IP 位址還給 DHCP 伺服器，提供給其他上線的電腦使用。
> Proxy：在 WWW 上，提供其他網頁伺服器之資料項目（存取慢或較貴）的快取功能的一種處理。

18. ( ) 下列何者不是 NFC(Near Field Communication)的功用？ (3)
(1)電子錢包　(2)電子票證　(3)行車導航　(4)資料交換。

> **解析** 行車導航是利用 GPS 全球定位系統及 GIS 地理資訊系統。

19. ( ) 有關 xxx@abc.edu.tw 之敘述，下列何者「不正確」？ (2)
(1)它代表一個電子郵件地址　(2)若為了方便，可以省略@　(3)xxx 代表一個電子郵件帳號　(4)abc.edu.tw 代表某個電子郵件伺服器。

20. ( ) 有關 OTG(On-The-Go)之敘述，下列何者正確？ (3)
(1)可以將兩個隨身碟連接複製資料　(2)可以提昇隨身碟資料傳送之速度　(3)可以將隨身碟連接到手機，讓手機存取隨身碟之資料　(4)可以讓隨身碟直接透過 WiFi 傳送資料到雲端。

21. ( ) 根據美國國家標準與技術研究院(NIST)對雲端的定義，下列何者「不是」雲端運算(Cloud Computing)之服務模式？ (1)
(1)內容即服務（Content as a Service, CaaS）　(2)基礎架構即服務（Infrastructure as a Service, IaaS）　(3)平台即服務（Platform as a Service, PaaS）　(4)軟體即服務（Software as a Service, SaaS）。

22. ( ) 下列何種雲端服務可供使用者開發應用軟體？ (2)
(1)Software as a Service (SaaS)　(2)Platform as a Service (PaaS)　(3)Information as a Service (IaaS)　(4)Infrastructure as a Service (IaaS)。

23. ( ) 下列何者為「B2C」電子商務之交易模式？ (4)
(1)公司對公司　(2)客戶對公司　(3)客戶對客戶　(4)公司對客戶。

24. ( ) 下列何者為 Class A 網路的內定子網路遮罩？ (1)
(1)255.0.0.0　(2)255.255.0.0　(3)255.255.255.0　(4)255.255.255.255。

25. ( ) IPv6 網際網路上的 IP address，每個 IP address 總共有幾個位元組？ (3)
    (1)4Bytes　(2)8Bytes　(3)16Bytes　(4)20Bytes。

    解析 IPv6 共有 128bits = 16 byte。(1 byte = 8 bits)

26. ( ) 下列何者為 DHCP 伺服器之功能？ (4)
    (1)提供網路資料庫的管理功能　(2)提供檔案傳輸的服務　(3)提供網頁連結的服務　(4)動態的分配 IP 給使用者使用。

    解析 DHCP：負責動態分配 IP 位址，當網路中有任何一台電腦要連線時，向 DHCP 伺服器要求一組 IP 位址，DHCP 伺服器會從資料庫中找出一個目前尚未被使用的 IP 位址提供給該電腦使用，使用完畢後電腦再將這個 IP 位址還給 DHCP 伺服器，提供給其他上線的電腦使用。

27. ( ) 有關乙太網路(Ethernet)之敘述，下列何者「不正確」？ (3)
    (1)是一種區域網路　(2)採用 CSMA/CD 的通訊協定　(3)網路長度可至 2500 公尺　(4)傳送時不保證服務品質。

    解析 採用雙絞線的乙太網路，傳輸距離大約在 100 公尺以內。現今高速乙太網路採用光纖的傳輸距離可達 40 公里遠。

28. ( ) 一個 Class C 類型網路可用的主機位址有多少個？ (1)
    (1)254　(2)256　(3)128　(4)524。

29. ( ) 下列何者為正確的 Internet 服務及相對應的預設通訊埠？ (3)
    (1)TELNET：21　(2)FTP：23　(3)STMP：25　(4)HTTP：82。

    解析

通訊協定	http	ftp	Telent	SMTP	POP3
埠號	80	21	23	25	110

工作項目 03：作業系統

1. ( ) 有關使用直譯程式(Interpreter)將程式翻譯成機器語言之敘述，下列何者正確？ (2)
    (1)直譯程式(Interpreter)與編譯程式(Compiler)翻譯方式一樣　(2)直譯程式每次轉譯一行指令後即執行　(3)直譯程式先執行再翻譯成目的程式
    (4)直譯程式先翻譯成目的程式，再執行之。

2. ( ) 編譯程式(Compiler)將高階語言翻譯至可執行的過程中，下列何者是連結程式(Linker)負責連結的標的？ (1)
    (1)目的程式與所需之副程式　(2)原始程式與目的程式　(3)副程式與可執行程式　(4)原始程式與可執行程式。

3. ( ) Linux 是屬何種系統？ (2)
    (1)應用系統(Application Systems)　(2)作業系統(Operation Systems)
    (3)資料庫系統(Database Systems)　(4)編輯系統(Editor Systems)。

4. ( ) 下列何種作業系統沒有圖形使用者操作介面？ (4)
(1)Linux　(2)Windows Server　(3)MacOS　(4)MS-DOS。

> 解析　MS-DOS 屬單人單工作業系統，文字指令操作介面。

5. ( ) 下列何者「不是」多人多工之作業系統？ (3)
(1)Linux　(2)Solaris　(3)MS-DOS　(4)Windows Server。

6. ( ) 下列何者為 Linux 作業系統之「系統管理者」的預設帳號？ (3)
(1)administrator　(2)manager　(3)root　(4)supervisor。

7. ( ) Windows 登入時，若鍵入的密碼其「大小寫不正確」會導致下列何種結果？ (3)
(1)仍可以進入 Windows　(2)進入 Windows 的安全模式　(3)要求重新輸入密碼
(4)Windows 將先關閉，並重新開機。

8. ( ) 下列何種技術是利用硬碟空間來解決主記憶體空間之不足？ (3)
(1)分時技術(Time Sharing)　(2)同步記憶體(Concurrent Memory)　(3)虛擬記憶體(Virtual Memory)　(4)多工技術(Multitasking)。

9. ( ) 電腦中負責資源管理的軟體是下列何種？ (4)
(1)編譯程式(Compiler)　(2)公用程式(Utility)　(3)應用程式(Application)　(4)作業系統(OperatingSystem)。

10. ( ) 下列何者為 Linux 系統所採用的檔案系統？ (2)
(1)NTFS　(2)XFS　(3)HTFS　(4)vms。

> 解析　NTFS：Windows 的檔案系統
> XFS：Linux 的檔案系統

工作項目 04：資訊運算思維

1. ( ) 下列流程圖所對應的 C/C++指令為何？ (1)
(1)do...while　(2)while　(3)switch...case　(4)if...then...else。

> 解析　後判斷用 do...while。

2. ( ) 下列流程圖所對應的 C/C++ 指令為何？ (4)
(1)do...while　(2)while　(3)switch...case　(4)if...then...else。

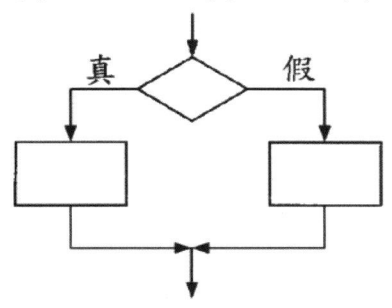

3. ( ) 下列流程圖所對應的 C/C++ 指令為何？ (2)
(1)do...while　(2)while　(3)switch...case　(4)if...then...else。

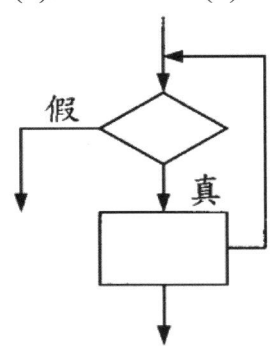

> **解析** 先判斷用 while。

4. ( ) 下列流程圖所對應的 C/C++ 程式為何？ (2)

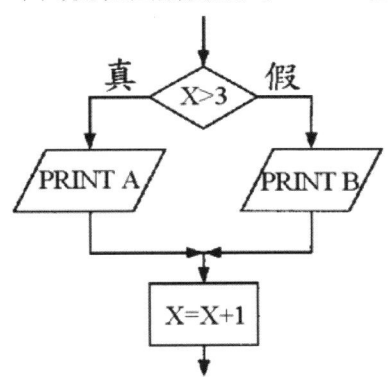

(1)
```
X>3? cout<<B:cout<<A;
X=X+1
```

(2)
```
if (X>3) cout<<A; else cout<<B;
X=X+1;
```

(3)
```
switch(X) {
    case 1: cout<<A;
    case 2: cout<<A;
    case 3: cout<<A;
    default: cout<<B;
```

(4)
```
while (X>3) cout<<A;
cout<<B;
X=X+1;
```

5. (　) 下列 C/C++程式片段之敘述，何者正確？ (3)
   (1)輸入三個變數　(2)找出輸入數值最小值　(3)找出輸入數值最大值
   (4)輸出結果為 the out put is:c。
   ```
   int a,b,c;
   cin>>a;
   cin>>b;
   c=a;
   if(b>c)
       c=b;
   cout<<"the output is:"<<c;
   ```

6. (　) 下列何者「不是」C/C++語言基本資料型態？ (3)
   (1)void　(2)int　(3)main　(4)char。

   解析 main 是主要(main)函式，是指程式執行的起點。

7. (　) 下列何者在 C/C++語言中視為 false？ (3)
   (1)-100　(2)-1　(3)0　(4)1。

   解析 true 視為 1，false 視為 0。

8. (　) 有關 C/C++語言中變數及常數之敘述，下列何者「不正確」？ (4)
   (1)變數用來存放資料，以利程式執行，可以是整數、浮點、字串的資料型態
   (2)程式中可以操作、改變變數的值
   (3)常數存放固定數值，可以是整數、浮點、字串的資料型態
   (4)程式中可以操作、改變常數值。

9. (　) 下列 C/C++程式片段，何者敘述正確？ (3)
   (1)小括號應該改成大括號
   (2)sum=sum+30;必須使用大括號括起來
   (3)While 應該改成 while
   (4)While (sum＜=1000)之後應該要有分號。
   ```
   While (sum <= 1000)
       sum = sum + 30;
   ```

   解析 建議正確語法如下：
   while (sum<=1000) {sum = sum + 30;}

10. (　) 有關 C/C++語言結構控制語法，下列何者正確？ (3)
    (1)while (x＞0) do {y=5;}
    (2)for (x＜10) {y=5;}
    (3)while (x＞0 || x＜5) {y=5;}
    (4)do (x＞0) {y=5} while (x＜1)。

> **解析** 建議正確語法如下：
> (1)while (x＞0) {y=5;}
> (2)while (x＜10) {y=5;}
> (4)do {y=5} while (x＜1);

11. ( ) C/C++語言指令 switch 的流程控制變數「不可以」使用何種資料型態？ (4)
    (1)char　(2)int　(3)byte　(4)double。

12. ( ) C/C++語言中限定一個主體區塊，使用下列何種符號？ (4)
    (1)()　(2)/**/　(3)""　(4){}。

13. ( ) 下列 C/C++程式片段，輸出結果何者正確？ (4)
    (1)1　(2)2　(3)3　(4)4。
    ```
    int x =3;
    int a[] = {1,2,3,4};
    int *z;
    z = a;
    z = z + x;
    cout << *z << "\n";
    ```

14. ( ) 下列 C/C++程式片段，輸出結果何者正確？ (3)
    (1)1　(2)2　(3)3　(4)4。
    ```
    int x =3;
    int a[] = {1,2,3,4};
    int *z;
    z = &x;
    cout << *z << "\n";
    ```

15. ( ) 下列 C/C++程式片段，若 x=2，則 y 值為何？ (4)
    (1)2　(2)3　(3)7　(4)9。
    ```
    int y = !(12 < 5 || 3 <= 5 && 3>x)?7:9;
    ```

16. ( ) 下列 C/C++程式片段，其 x 之輸出結果何者正確？ (3)
    (1)2　(2)3　(3)4　(4)5。
    ```
    int x;
    x = (5 <= 3 && 'A' < 'F')?3:4
    ```

17. ( ) 下列 C/C++程式片段，執行後 x 值為何？ (2)
    (1)0　(2)1　(3)2　(4)3。
    ```
    int a=0, b=0, c=0;
    int x=(a<b+4);
    ```

18. ( ) 下列 C/C++程式片段，f(8,3)輸出為何？ (2)
    (1)3　(2)5　(3)8　(4)11。
    ```
    int (f(int x, inty){
        if(x == y) return 0;
        else return f(x-1, y) +1;
    }
    ```

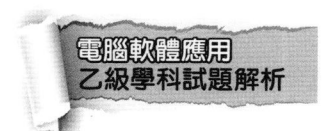

19. ( ) 對於下列 C/C++程式，何者敘述正確？ (3)
    (1)將 a 及 b 兩矩陣相加後，儲存至 c 矩陣　(2)若 a[2][2]={{1,2},{3,4}}及 b[2][2]={{1,0},{2,-3}}，執行結束後 c[2][2]={{5,6},{11,12}}　(3)若 a 及 b 均為 2x2 矩陣，最內層 for 迴圈執行 8 次　(4)若 a 及 b 均為 2x2 矩陣，最外層 for 迴圈執行 4 次。

    ```
    for (i=0;i<=m-1;i++){
        for (j=0;j<=p-1;j++){
            c[i][j]=0;
            for (k=0;k<=n-1;k++){
                0[i][j]=c[i][j]+a[i][k]*b[k][j];
            }
        }
    }
    ```

20. ( ) 對於下列 C/C++程式片段，何者敘述有誤？ (3)
    (1)程式輸出為 4x+-3y+8=0　(2)若(x1,x2)及(y1,y2)視為兩個二維平面座標，程式功能為計算直線方程式　(3)若(x1,x2)及(y1,y2)視為兩個二維平面座標，則直線方程式的斜率為 $\frac{-4}{3}$　(4)若(x1,x2),(y1,y2)及(5,4)視為三個二維平面座標，則會構成一個直角三角形。

    ```
    x1=1;y1=4;
    x2=6;y2=8;
    a=y2-y1;
    b=x2-x1;
    c=-a*x1+b*y1;
    cout<<a<<"x+"<<-b<<"y+"<<c<<"=0";
    ```

    【解析】y=(4/3)x+(8/3)，斜率為 4/3。

工作項目 05：資訊安全

1. ( ) 有關電腦犯罪之敘述，下列何者「不正確」？ (1)
   (1)犯罪容易察覺　(2)採用手法較隱藏　(3)高技術性的犯罪活動　(4)與一般傳統犯罪活動不同。

2. ( ) 「訂定災害防治標準作業程序及重要資料的備份」是屬何種時期所做的工作？ (2)
   (1)過渡時期　(2)災變前　(3)災害發生時　(4)災變復原時期。

3. ( ) 下列何者為受僱來嘗試利用各種方法入侵系統，以發覺系統弱點的技術人員？ (2)
   (1)黑帽駭客(Black Hat Hacker)　(2)白帽駭客(White Hat Hacker)　(3)電腦蒐證(Collection of Evidence)專家　(4)密碼學(Cryptography)專家。

4. ( ) 下列何種類型的病毒會自行繁衍與擴散？ (1)
   (1)電腦蠕蟲(Worms)　(2)特洛伊木馬程式(Trojan Horses)　(3)後門程式(Trap Door)　(4)邏輯炸彈(Time Bombs)。

5. ( ) 有關對稱性加密法與非對稱性加密法的比較之敘述，下列何者「不正確」？ (3)
(1)對稱性加密法速度較快　(2)非對稱性加密法安全性較高　(3)RSA 屬於對稱性加密法　(4)使用非對稱性加密法時，每個人各自擁有一對公開金匙與祕密金匙，欲提供認證性時，使用者將資料用自己的祕密金匙加密送給對方，對方再用相對的公開金匙解密。

> 解析　RSA 屬於非對稱性加密法，非對稱是指利用了兩把不同的鑰匙，一把叫公開金鑰，另一把叫私密金鑰，來進行加解密。

6. ( ) 下列何種資料備份方式只有儲存當天修改的檔案？ (2)
(1)完全備份　(2)遞增備份　(3)差異備份　(4)隨機備份。

7. ( ) 下列何種入侵偵測系統(Intrusion Detection Systems)是利用特徵(Signature)資料庫及事件比對方式，以偵測可能的攻擊或事件異常？ (3)
(1)主機導向(Host-Based)　(2)網路導向(Network-Based)
(3)知識導向(Knowledge-Based)　(4)行為導向(Behavior-Based)。

8. ( ) 下列何種網路攻擊手法是藉由傳遞大量封包至伺服器，導致目標電腦的網路或系統資源耗盡，服務暫時中斷或停止，使其正常用戶無法存取？ (4)
(1)偷窺(Sniffers)　(2)欺騙(Spoofing)　(3)垃圾訊息(Spamming)　(4)阻斷服務(Denial of Service)。

9. ( ) 下列何種網路攻擊手法是利用假節點號碼取代有效來源或目的 IP 位址之行為？ (2)
(1)偷窺(Sniffers)　(2)欺騙(Spoofing)　(3)垃圾資訊(Spamming)　(4)阻斷服務(Denial of Service)。

10. ( ) 有關數位簽章之敘述，下列何者「不正確」？ (4)
(1)可提供資料傳輸的安全性　(2)可提供認證　(3)有利於電子商務之推動
(4)可加速資料傳輸。

11. ( ) 下列何者為可正確且及時將資料庫複製於異地之資料庫復原方法？ (4)
(1)異動紀錄(Transaction Logging)　(2)遠端日誌(Remote Journaling)
(3)電子防護(Electronic Vaulting)　(4)遠端複本(Remote Mirroring)。

12. ( ) 字母"B"的 ASCII 碼以二進位表示為"01000010"，若電腦傳輸內容為"101000010"，以便檢查該字母的正確性，則下列敘述何者正確？ (1)
(1)使用奇數同位元檢查　(2)使用偶數同位元檢查　(3)使用二進位數檢查
(4)不做任何正確性的檢查。

> 解析　同位元檢查指檢查傳輸資料的位元數中出現 1 的個數。奇數同位元檢查是指傳輸資料中出現 1 是奇數個。

13. ( ) 下列何種方法「不屬於」資訊系統安全的管理？ (4)
(1)設定每個檔案的存取權限　(2)每個使用者執行系統時，皆會在系統中留下變動日誌(Log)　(3)不同使用者給予不同權限　(4)限制每人使用時間。

14. ( ) 有關資訊中心的安全防護措施之敘述，下列何者「不正確」？ (4)
    (1)重要檔案每天備份三份以上，並分別存放　(2)加裝穩壓器及不斷電系統
    (3)設置煙霧及熱度感測器等設備，以防止災害發生　(4)雖是不同部門，資料也可以任意交流，以便支援合作，順利完成工作。

    解析 資料的分享及傳遞仍須加以規範。

15. ( ) 有關電腦中心的資訊安全防護措施之敘述，下列何者「不正確」？ (4)
    (1)資訊中心的電源設備必須有穩壓器及不斷電系統　(2)機房應選用耐火、絕緣、散熱性良好的材料　(3)需要資料管制室，做為原始資料的驗收、輸出報表的整理及其他相關資料保管　(4)所有備份資料應放在一起以防遺失。

    解析 備份資料應異地保存。

16. ( ) 下列何種檔案類型較不會受到電腦病毒感染？ (4)
    (1)含巨集之檔案　(2)執行檔　(3)系統檔　(4)純文字檔。

17. ( ) 有關重要的電腦系統如醫療系統、航空管制系統、戰情管制系統及捷運系統，在設計時通常會考慮當機的回復問題。下列何種方式是一般最常用的做法？ (3)
    (1)隨時準備當機時，立即回復人工作業，並時常加以演習　(2)裝設自動控制溫度及防災設備，最重要應有UPS不斷電配備　(3)同時裝設兩套或多套系統，以俾應變當機時之轉換運作　(4)與同機型之電腦使用單位或電腦中心訂立應變時之支援合約，以便屆時作支援作業。

18. ( ) 有關資料保護措施，下列敘述何者「不正確」？ (4)
    (1)定期備份資料庫　(2)機密檔案由專人保管　(3)留下重要資料的使用紀錄　(4)資料檔案與備份檔案保存在同一磁碟機。

    解析 異地保存。

19. ( ) 如果一個僱員必須被停職，他的網路存取權應在何時關閉？ (3)
    (1)停職後一週　(2)停職後二週　(3)給予他停職通知前　(4)不需關閉。

20. ( ) 有關資訊系統安全措施，下列敘述何者「不正確」？ (2)
    (1)加密保護機密資料　(2)系統管理者統一保管使用者密碼　(3)使用者不定期更改密碼　(4)網路公用檔案設定成「唯讀」。

21. ( ) 下列何種動作進行時，電源中斷可能會造成檔案被破壞？ (4)
    (1)程式正在計算　(2)程式等待使用者輸入資料　(3)程式從磁碟讀取資料　(4)程式正在對磁碟寫資料。

22. ( ) 下列何者「不是」資訊安全所考慮的事項？ (2)
    (1)確保資訊內容的機密性，避免被別人偷窺　(2)電腦執行速度　(3)定期做資料備份　(4)確保資料內容的完整性，防止資訊被竄改。

23. ( ) 下列何者「不是」數位簽名的功能？ (2)
(1)證明信件的來源 (2)做為信件分類之用 (3)可檢測信件是否遭竄改
(4)發信人無法否認曾發過信件。

24. ( ) 在網際網路應用程式服務中，防火牆是一項確保資訊安全的裝置，下列何者「不是」防火牆檢查的對象？ (2)
(1)埠號(Port Number) (2)資料內容 (3)來源端主機位址 (4)目的端主機位址。

25. ( ) 有關電腦病毒傳播方式，下列何者正確？ (3)
(1)只要電腦有安裝防毒軟體，就不會感染電腦病毒 (2)病毒不會透過電子郵件傳送 (3)不隨意安裝來路不明的軟體，以降低感染電腦病毒的風險 (4)病毒無法透過即時通訊軟體傳遞。

26. ( ) 有關電腦病毒之敘述，下列何者正確？ (4)
(1)電腦病毒是一種黴菌，會損害電腦組件 (2)電腦病毒入侵電腦之後，在關機之後，病毒仍會留在 CPU 及記憶體中 (3)使用偵毒軟體是避免感染電腦病毒的唯一途徑 (4)電腦病毒是一種程式，可經由隨身碟、電子郵件、網路散播。

解析 關機後，電腦病毒隨做電源關閉，CPU 或記憶體中的程式立即消失。

27. ( ) 有關電腦病毒之特性，下列何者「不正確」？ (2)
(1)具有自我複製之能力 (2)病毒不須任何執行動作，便能破壞及感染系統
(3)病毒會破壞系統之正常運作 (4)病毒會寄生在開機程式。

28. ( ) 下列何種網路攻擊行為係假冒公司之名義發送偽造的網站連結，以騙取使用者登入並盜取個人資料？ (2)
(1)郵件炸彈 (2)網路釣魚 (3)阻絕攻擊 (4)網路謠言。

29. ( ) 下列何種密碼設定較安全？ (3)
(1)初始密碼如 9999 (2)固定密碼如生日 (3)隨機亂碼 (4)英文名字。

30. ( ) 有關資訊安全之概念，下列何者「不正確」？ (3)
(1)將檔案資料設定密碼保護，只有擁有密碼的人才能使用
(2)將檔案資料設定存取權限，例如允許讀取，不准寫入
(3)將檔案資料設定成公開，任何人都可以使用
(4)將檔案資料備份，以備檔案資料被破壞時，可以回存。

31. ( ) 下列何種技術可用來過濾並防止網際網路中未經認可的資料進入內部，以維護個人電腦或區域網路的安全？ (1)
(1)防火牆 (2)防毒掃描 (3)網路流量控制 (4)位址解析。

32. ( ) 網站的網址以「https://」開始，表示該網站具有何種機制？ (2)
(1)使用 SET 安全機制 (2)使用 SSL 安全機制 (3)使用 Small Business 機制
(4)使用 XOOPS 架設機制。

33. ( ) 下列何者「不屬於」電腦病毒的特性？　　　　　　　　　　　　　　　　　(1)
(1)電腦關機後會自動消失　(2)可隱藏一段時間再發作　(3)可附在正常檔案中
(4)具自我複製的能力。

34. ( ) 資訊安全定義之完整性(Integrity)係指文件經傳送或儲存過程中，必須證明其內　(4)
容並未遭到竄改或偽造。下列何者「不是」完整性所涵蓋之範圍？
(1)可歸責性(Accountability)
(2)鑑別性(Authenticity)
(3)不可否認性(Non-Repudiation)
(4)可靠性(Reliability)。

35. ( ) 「設備防竊、門禁管制及防止破壞設備」是屬於下列何種資訊安全之要求？　　(1)
(1)實體安全　(2)資料安全　(3)程式安全　(4)系統安全。

> **解析**　實體安全：硬體實際設備之安全；如電腦機房地點的選定、建築結構及材料的設計、防火防盜及防災設施的裝設、資訊管線管制、門禁管制、消防設備、媒體出入管制、資訊線路之管制及災害應變計劃、設備定期維護、不斷電系統及穩壓器等。
> 資料安全：(1)檔案的備份。(2)檔案保管人與維護人清單。(3)訂定擷取檔案資料權責。(4)檔案機密等級分類。(5)研討檔案遭損壞之風險接受程度。(6)資料的加密及解密。
> 程式(軟體)安全：模組的變更管理、問題管理、個人電腦硬式磁碟使用管理、網路監控管理、線上傳輸異動代號管理、終端機使用權責管理、依職務制定軟體使用權限、特定人員之專用線路及路線接頭控制、密碼的規則與變更期限都包括在內。
> 系統安全：網路作業系統之安全，設定好網路使用者之使用權限，時常監控網路環境的變化，並且定期備份系統重要資訊、安裝防毒軟體，不使用來源不明資料或軟體；架設備份磁碟機，提供系統復原能力資料。

36. ( ) 「將資料定期備份」是屬於下列何種資訊安全之特性？　　　　　　　　　　　(1)
(1)可用性　(2)完整性　(3)機密性　(4)不可否認性。

> **解析**　現今的資訊安全服務有六大項，身分驗證鑑別性(Authentication)、機密性(Confidentiality)、完整性(Integrity)與不可否認性(Non-repudiation)、可用性(Availability)及存取控制(Access Control)。
> 加密技術可保證四種資訊安全服務：身分驗證鑑別性(Authentication)、機密性(Confidentiality)、完整性(Integrity)與不可否認性(Non-repudiation)。以外，資料定期備份是提供資訊安全服務項目中的可用性的主要技術。可信賴的作業環境、防火牆系統或IC卡提供資訊安全服務項目中的存取控制(Access Control)的主要技術。

37. ( ) 有關非對稱式加解密演算法之敘述，下列何者「不正確」？　　　　　　　　　(3)
(1)提供機密性保護功能　(2)加解密速度一般較對稱式加解密演算法慢
(3)需將金鑰安全的傳送至對方，才能解密　(4)提供不可否認性功能。

38. ( ) 下列何種機制可允許分散各地的區域網路，透過公共網路安全地連接在一起？　(3)
(1)WAN　(2)BAN　(3)VPN　(4)WSN。

39. ( ) 加密技術「不能」提供下列何種安全服務？　(4)
(1)鑑別性　(2)機密性　(3)完整性　(4)可用性。

> 解析　加密技術可保證四種資訊安全服務：身分驗證鑑別性(Authentication)、機密性(Confidentiality)、完整性(Integrity)與不可否認性(Non-repudiation)。以外，資料定期備份是提供資訊安全服務項目中的可用性的主要技術。

40. ( ) 有關公開金鑰基礎建設(Public Key Infrastructure, PKI)之敘述，下列何者「不正確」？　(2)
(1)係基於非對稱式加解密演算法　(2)公開金鑰必須對所有人保密　(3)可驗證身分及資料來源　(4)可用私密金鑰簽署將公布之文件。

技術士技能檢定電腦軟體應用乙級學科試題解析

作　　者：林文恭研究室
企劃編輯：郭季柔
文字編輯：江雅鈴
設計裝幀：張寶莉
發 行 人：廖文良

發 行 所：碁峯資訊股份有限公司
地　　址：台北市南港區三重路 66 號 7 樓之 6
電　　話：(02)2788-2408
傳　　真：(02)8192-4433
網　　站：www.gotop.com.tw
書　　號：AER061900
版　　次：2024 年 12 月初版
　　　　　2025 年 09 月初版二刷
建議售價：NT$200

國家圖書館出版品預行編目資料

技術士技能檢定電腦軟體應用乙級學科試題解析 / 林文恭研究
　室著. -- 初版. -- 臺北市：碁峯資訊, 2024.12
　　面；　公分
　ISBN 978-626-324-972-1(平裝)
　1.CST：電腦軟體　2.CST：問題集
312.49022　　　　　　　　　　　　　　　　113018451

商標聲明：本書所引用之國內外公司各商標、商品名稱、網站畫面，其權利分屬合法註冊公司所有，絕無侵權之意，特此聲明。

版權聲明：本著作物內容僅授權合法持有本書之讀者學習所用，非經本書作者或碁峯資訊股份有限公司正式授權，不得以任何形式複製、抄襲、轉載或透過網路散佈其內容。
版權所有・翻印必究

本書是根據寫作當時的資料撰寫而成，日後若因資料更新導致與書籍內容有所差異，敬請見諒。若是軟、硬體問題，請您直接與軟、硬體廠商聯絡。